AUTORIN: KATHARINA SCHLEGL-KOFLER | FOTOS: CHRISTINE STEIMER

HUNDEERZIEHUNG

INHALT

4 LERNEN WILL GELERNT SEIN

5 Ein paar Worte zuvor
5 Der Hund – ein Rudeltier
6 So lernt der Hund
6 Lernen durch Konditionierung
7 Den Hund kennenlernen
8 Lobend zum Erfolg
8 Tipp: Einheitliche Erziehung
9 Gekonnt zurechtweisen
10 Die Körpersprache richtig einsetzen
12 Sichtzeichen eindeutig geben
13 Die Stimme – wichtiges Erziehungsmittel
13 Den Hund gezielt ansprechen
13 Unnötiges beim Sprechen vermeiden
13 Die richtige Stimmlage wählen
14 Warum Hundeerziehung wichtig ist
14 Was sollte ein Hund lernen?
14 Tipp: Erziehung eines älteren Hundes
16 **Tut gut – Besser nicht**
18 Erziehen ja, aber wie?
19 Info: Auflösungszeichen einführen
20 Wichtige Lernphasen im Leben eines Hundes
20 Vom Welpen zum erwachsenen Hund
21 **Experten-Tipp:** Spiel als Belohnung
22 Ihre Rolle als »Teamchef«
22 Info: Warten vor dem Futternapf

24 DIE GRUNDERZIEHUNG

25 Grundsätzliches zur Erziehung
26 Die passende Ausrüstung
28 So sozialisieren Sie Ihren Welpen
28 Gewöhnung an neue Eindrücke
29 Wenn der Welpe unsicher ist
29 Tabelle: Kleiner Übungsplan
30 Die Bindung aufbauen
30 Bindungsspaziergänge
31 Zuwendung und Beschäftigung
31 Wichtig: eine klare Linie und Regeln
32 **Auf einen Blick:** Bindung aufbauen
34 Was der Vierbeiner lernen muss
35 **Experten-Tipp:** Hund und Kind
36 Die wichtigsten Basisübungen
38 Bei Fuß gehen
40 Übung Sitzen
40 Ins Platz legen
42 Weitere wichtige Grundübungen
42 Bleib-Übungen
44 An der lockeren Leine gehen
45 Den Hund auf sich aufmerksam machen
45 Sitz auf Entfernung
46 Lernen, etwas herzugeben
47 An- und Ableinen

48 DER HUND IM ALLTAG

49 Rücksicht im Umgang mit anderen
50 Übungen für den Alltag
50 Anspringen ist tabu
50 Info: Erfolgserlebnisse vermeiden
51 Betteln unterbinden
52 So wird der Hund kein Jäger
53 **Experten-Tipp:** Der Hund in der Öffentlichkeit
54 Unsicherheiten abbauen
56 Auseinandersetzungen aus dem Weg gehen
58 Das Alleinbleiben lernen
59 Tabelle: Der Hund im Garten

EXTRAS

60 Register, Service
64 Impressum, GU-Leserservice

Umschlagklappen:
Verhaltensdolmetscher
SOS – was tun?
Schon gewusst?

DIE GU-QUALITÄTS-GARANTIE

Wir möchten Ihnen mit den Informationen und Anregungen in diesem Buch das Leben erleichtern und Sie inspirieren, Neues auszuprobieren. Bei jedem unserer Produkte achten wir auf Aktualität und stellen höchste Ansprüche an Inhalt, Optik und Ausstattung. Alle Informationen werden von unseren Autoren und unserer Fachredaktion sorgfältig ausgewählt und mehrfach geprüft. Deshalb bieten wir Ihnen eine 100 %ige Qualitätsgarantie.

Darauf können Sie sich verlassen:
Wir legen Wert auf artgerechte Tierhaltung und stellen das Wohl des Tieres an erste Stelle. Wir garantieren, dass:

- alle Anleitungen und Tipps von Experten in der Praxis geprüft und
- durch klar verständliche Texte und Illustrationen einfach umsetzbar sind.

Wir möchten für Sie immer besser werden:
Sollten wir mit diesem Buch Ihre Erwartungen nicht erfüllen, lassen Sie es uns bitte wissen! Nehmen Sie einfach Kontakt zu unserem Leserservice auf. Sie erhalten von uns kostenlos einen Ratgeber zum gleichen oder ähnlichen Thema. Die Kontaktdaten unseres Leserservice finden Sie am Ende dieses Buches.

GRÄFE UND UNZER VERLAG
Der erste Ratgeberverlag – seit 1722.

LERNEN WILL GELERNT SEIN

Ihr Hund begleitet Sie – je nach Rasse – zehn bis zwölf Jahre durchs Leben. Damit das Zusammenleben für beide Seiten harmonisch verläuft, braucht der Vierbeiner eine gute Erziehung.

Ein paar Worte zuvor

Wenn Sie dieses Buch lesen, zieht vermutlich in Kürze ein Hund bei Ihnen ein. Oder Sie haben sich bereits einen Vierbeiner zugelegt. Dann aber werden Sie schon bemerkt haben, dass ein Hund nicht einfach so »mitläuft« wie ein anderes Heimtier, sondern zumindest zeitweise Ihre ganze Aufmerksamkeit fordert – weil er sich mal wieder einen Schuh holt, Spielzeug bei den Kindern klaut, Sie an der Leine durch die Gegend zerrt oder nur kommt, wenn er gerade Lust hat.

Anders als die meisten Heimtiere lebt ein Hund nicht im Käfig, sondern sozusagen mitten im Familiengeschehen. So wird schnell klar, dass das Zusammenleben nur klappen kann, wenn sich der Hund vollständig in die Familie eingliedert und bestimmte Regeln akzeptiert – selbstverständlich unter Berücksichtigung seiner art- und rassespezifischen Bedürfnisse.

Der Hund – ein Rudeltier

Aber wie macht man einem Hund nun klar, was man von ihm erwartet? Versteht er uns überhaupt? Und wenn ja, wie?

Ich kann Ihnen versichern, dass es klappt. Denn als Rudeltier bringt der Hund die Bereitschaft mit, sich in eine Gemeinschaft einzufügen, sich einem souveränen Leittier anzuschließen und sich an diesem zu orientieren. Dazu kommt, dass der Hund im Lauf der Domestikation eine hohe Bindungsbereitschaft an den Menschen entwickelt hat und der Zweibeiner für ihn eine Art Artgenosse und somit wichtiger Sozialpartner geworden ist. Das heißt, er beobachtet unser Verhalten – wie wir uns bewegen, wie wir ihn ansprechen usw. –, bewertet es auf Hundeart und reagiert darauf. Das ist einzigartig unter den Heimtieren und macht vieles im Umgang mit dem Hund relativ einfach.

So lernt der Hund

Damit sich der Hund perfekt in Ihre Familie eingliedert, ist es ganz wichtig, dass Sie wissen, wie eine Botschaft an den Hund aussehen muss. Nur so kann er Sie auch richtig verstehen. Außerdem sollten Sie wissen, wie der Vierbeiner lernt, denn dann können Sie ihm etwas effektiv vermitteln. So werden Sie ein guter »Hundeführer« – also jemand, der seinen Hund lenkt und leitet und ihm eine klare Linie vorgibt, ein Partner, zu dem der Vierbeiner absolutes Vertrauen hat und an dem er sich gern orientiert. Mit anderen Worten: Sie beide werden zum optimalen Mensch-Hund-Team.

Grenzen setzen auf Hundeart: Durch einen Griff über den Fang weist die Hündin ihren Youngster zurecht – und er ordnet sich sofort unter.

Lernen durch Konditionierung

Bei der Erziehung der Hunde haben sich zwei Formen des Lernens bestens bewährt, die operante und die klassische Konditionierung.

Operante Konditionierung Diese Form des Lernens kann man auch als Lernen am Erfolg bezeichnen. Sie nimmt in der Erziehung des Hundes einen großen Teil ein. Der Vierbeiner wird ein Verhalten, das sich für ihn lohnt – weil er zum Beispiel dafür gelobt wurde –, lieber zeigen als eines, von dem er nichts hat. Er setzt sich und bekommt dafür ein Leckerchen zur Belohnung. Dadurch haben Sie ein erwünschtes Verhalten positiv verstärkt. Als Folge wird der Hund »Sitz« gern wieder machen. So können Sie Ihrem Vierbeiner gezielt etwas beibringen. Das gilt aber leider auch unbewusst für ein unerwünschtes Verhalten: Der Hund zieht an der Leine zu einer Duftmarke oder einem Artgenossen, und Sie gehen mit. Dadurch lernt er, dass er so ans Ziel kommt, und wird es immer wieder tun.
Hunde lernen aber auch über negative Verstärkung. Erlebt Ihr Vierbeiner in Verbindung mit einem Verhalten etwas Unangenehmes, wird er dieses Verhalten ebenfalls einstellen. Zwickt Ihr Halbstarker Sie etwa gern in die Wade und bekommt daraufhin aus heiterem Himmel einen scharfen Strahl Wasser mit dem Blumensprüher auf den Kopf, ist ihm das unangenehm und er erschrickt. In der Folge wird er das Wadenzwicken besser lassen.

Belohnungen verknüpft der Hund immer mit seinem Verhalten unmittelbar davor. Hier wird er für das Platz noch in der Platz-Position belohnt.

Die Belohnung wird zu hoch gehalten. Der Hund muss sich aus dem Platz aufsetzen. Es wird unbewusst nicht mehr das Platz, sondern das Aufsetzen belohnt.

Auch ein Verhalten, das ihm dauerhaft (und darauf liegt die Betonung!) nichts bringt, wird er früher oder später nicht mehr zeigen. Wenn Sie (und andere) sich zum Beispiel immer kommentarlos von Ihrem Vierbeiner abwenden, wenn er Sie anspringt, das heißt, den Hund stets ignorieren, merkt er, dass er von seiner Aktion letztlich nichts hat, und wird damit aufhören.

Klassische Konditionierung Sie ist bekannt durch die Versuche des russischen Verhaltensforschers Pawlow: Bemerkt ein Hund Futter, setzt Speichelfluss ein. Kombiniert man nun das Futter wiederholt mit einem für den Hund zunächst bedeutungslosen Klingelton, setzt daraufhin der Speichelfluss schon allein durch das Klingeln ein, auch wenn nicht gleichzeitig Futter präsentiert wird. Durch klassische Konditionierung lernen Hunde häufig sozusagen von selbst. Nämlich indem sie uns gut beobachten und gewisse gleichbleibende Abläufe verknüpfen. Ihr Hund geht sicher gern spazieren. Wenn Sie sich dazu immer eine bestimmte Jacke anziehen, freut er sich nach einiger Zeit nicht mehr erst, wenn Sie mit ihm draußen sind, sondern schon dann, wenn Sie diese Jacke nur vom Haken nehmen und anziehen.

Den Hund kennenlernen

Um richtig mit Ihrem Vierbeiner umgehen zu können, sollten Sie ihn gut einschätzen können. Jeder Hund hat eine andere Persönlichkeit, die in der Erziehung und Ausbildung berücksichtigt werden muss. Gehört Ihr Vierbeiner zum Beispiel zur Sorte der leicht ablenkbaren Hunde, müssen Sie sich viel mehr engagieren als bei einem, der von sich aus quasi dauernd an Ihren Lippen hängt. Bei einem Temperamentsbündel brauchen Sie viel Ruhe, einen eher trägen Hund muss man mit mehr »Action« motivieren. Ein eigenwilliger oder »dickfelliger« Vierbeiner fordert eine gehörige Portion Durchhaltevermögen und Konsequenz. Ein sehr sensibler Hund verlangt dagegen viel Fingerspitzengefühl, damit er nicht verunsichert wird.

Lobend zum Erfolg

Wenn Sie Ihrem Vierbeiner vermitteln möchten, dass er etwas gut gemacht hat, muss das Lob für ihn ein echtes Highlight sein. Ein kurzes »So ist's brav« reicht zumindest am Anfang der Erziehung und Ausbildung nicht. Aber auch hier kommt es wieder auf den Typ Hund an. Für den einen ist schon ein Trockenfutterpellet ein »Highlight«, ein anderer fühlt sich nur mit gekochten Hühnchenfleisch-Stückchen wirklich bestätigt. Und für einen dritten ist zum Beispiel ein Ziehspiel mit seinem Zweibeiner toller als jedes Leckerchen. Fressbare Belohnungen stehen allerdings bei sehr vielen Hunden ganz oben auf der Skala. Damit können Sie auch gezielt im richtigen Moment loben.
Streicheln und stimmliches Lob sind ebenfalls eine Art der positiven Verstärkung. Wichtig ist, dass Sie die Belohnung individuell auf Ihren Hund ausrichten und dass sie ein hoher Anreiz und etwas Besonderes ist.

Tipp Ziehen Sie Belohnungshäppchen bitte immer von der Futtermenge im Napf ab. Damit sie etwas Besonderes für den Hund bleiben, sollte er sie sich stets »erarbeiten« müssen und beim Üben hungrig genug sein.

Der richtige Zeitpunkt des Lobens Damit das Lob richtig ankommt, muss es in unmittelbarem Zusammenhang mit dem erwünschten Verhalten stehen. Lernt der Hund zum Beispiel auf Ruf zu kommen, bekommt er ein Häppchen, wenn er ganz bei Ihnen angelangt ist – und nicht erst, nachdem Sie ihn sitzen haben lassen. Wollen Sie belohnen, dass der Hund längere Zeit im Platz bleibt, geben Sie ihm erst dann etwas, wenn er länger liegen geblieben ist.
Aufpassen sollten Sie allerdings, wenn Sie ihn loben möchten, weil er ein unerwünschtes Verhalten nicht zeigt. Angenommen, Ihr Vierbeiner jagt gerne Hühner, Sie haben ihn an der Leine, und er zerrt zwar nicht, fixiert die Hühner aber gespannt. Wenn Sie ihn nun loben, dann belohnen Sie ihn nicht nur für das Dableiben, sondern auch dafür, dass er sich auf die Hühner konzentriert!

Belohnungen abbauen Der Vierbeiner soll natürlich nicht nur dann gehorchen, wenn er Hunger hat oder wenn Sie ein Leckerchen in der Hand halten. Deshalb belohnen Sie in der Phase, in der der Hund lernt, regelmäßig. Sobald er eine Übung beherrscht, wird er nur noch hin und wieder oder für besondere Leistungen belohnt. Wichtig: Der Happen wird jetzt erst am Ende der Übung aus der Tasche geholt. Sie halten die Belohnung also nicht schon vorher in der Hand – das wäre nämlich Bestechen, nicht Belohnen.

Zusammenfassend lässt sich sagen:

- Belohnen Sie den Hund immer mal wieder, um die Erwartungshaltung zu erhalten.
- Zeigt Ihr vierbeiniger Freund eine besondere Leistung, etwa wenn er sich aus dem Spiel mit Artgenossen abrufen lässt, dann gibt es auch mal eine ganze Handvoll Häppchen.

Einheitliche **Erziehung**

VORHER FESTLEGEN Setzen Sie sich mit der Familie zusammen und legen Sie fest, was der Hund darf, was nicht, welche Hörzeichen wofür verwendet werden usw. Halten Sie sich alle daran, denn ein einheitlicher Umgang ist wichtig. Die Erziehung übernimmt nur ein Erwachsener. Sitzt eine Übung, können Familienmitglieder (in etwa ab 14 Jahren) ins Training einbezogen werden.

Gekonnt zurechtweisen

Schon Welpen lernen von ihrer Mutter, dass nicht alles erlaubt ist. Deshalb ist es für einen Vierbeiner durchaus artgerecht, auch mal Grenzen aufgezeigt zu bekommen. Das unterstreicht auch Ihre Souveränität, die wiederum dem Hund Sicherheit gibt. Aber das Wie ist entscheidend. Mittel sind Ihre Körpersprache sowie eine »knurrige« Stimme oder ein warnendes »Gscht« oder Ähnliches. Sich frontal vor dem Hund »aufbauen«, entsprechend auf ihn zugehen, wenn nötig auch mal ein Anrempeln oder ein kleiner Knuff gehören in dieses Repertoire. Wichtig dabei ist jedoch, dass Sie Ihren Hund gut kennen und die Einwirkung entsprechend dosieren. Weder zu stark noch zu schwach ist gut. Der Vierbeiner sollte das unerwünschte Verhalten, wie zum Beispiel ins Hosenbein beißen, möglichst umgehend einstellen, ohne eingeschüchtert zu sein. Beeindruckt darf er aber sein. Befolgt der Hund ein Kommando nicht, obwohl er es kann, müssen Sie es einfordern – ohne Leckerchen.

Bitte beachten: Zurechtweisen sollte eher die Ausnahme als die Regel sein. Das heißt, den Hund nicht für jede Kleinigkeit zu maßregeln, denn das schadet dem Vertrauensverhältnis zwischen Hund und Halter. Außerdem versteht der Hund Sie nur dann, wenn Sie auch im sonstigen Umgang souverän und konsequent sind und sich nicht dauernd nach dem Hund richten und ihn nur betüddeln.

Übrigens Den Klaps mit der Zeitung, ihn zur Strafe in den Keller sperren, die nächste Mahlzeit streichen oder Ähnliches versteht der Hund nicht. Schlagen und andere gewaltsame Übergriffe sind indiskutabel und zerstören die Vertrauensbasis zwischen Mensch und Hund.

Korrektur mit Überraschungseffekt Dabei erfolgt die Einwirkung so, dass der Hund sie nicht mit seinem Besitzer verknüpft. Nimmt er etwa gerade Kurs auf den Braten in der Küche und erschrickt durch einen herunterfallenden Topfdeckel, der an dem »Köder« befestigt war, wird ihm das das Klauen hoffentlich verleiden. Ob der Hund aber überhaupt darauf kommt, zu klauen, hat jedoch auch mit Ihrer Souveränität zu tun.

Auch Spielen kann für den Hund eine tolle Belohnung sein. Aber nur, wenn er wirklich mit Ihnen spielt – und nicht etwa mit dem Spielzeug das Weite sucht.

Die Körpersprache richtig einsetzen

Hunde registrieren feine Nuancen in der Körpersprache sowohl bei ihren Artgenossen als auch beim Menschen. Am wichtigsten ist es, dass Sie dem Hund gegenüber immer sicher und souverän erscheinen. Allein das wirkt sich schon sehr positiv auf das Mensch-Hund-Verhältnis aus. Denn dann respektiert er Sie und wird sich an Ihnen orientieren, da Sie ihm Sicherheit und Klarheit vermitteln. Fehlen Ihnen diese Eigenschaften und machen Sie dem Hund keine klaren Vorgaben, wird er sein eigenes Ding durchziehen.

1 Ruhe vermitteln beim »Sitz«

In Situationen, in denen Sie vom Hund Ruhe erwarten, etwa wenn Sie gerade üben, dass er länger ruhig sitzen bleibt, müssen auch Sie Ruhe ausstrahlen. Das heißt ruhige, aber keine zaghaften Bewegungen und beim Loben ruhiges Streicheln – beim Sitzen am besten an der Brust (→ rechts, Bild 1), dann unterstützt man das Sitzen noch etwas. Streicheln auf dem Rücken könnte den Hund zum Hinlegen animieren. Streicheln Sie von oben am Kopf, weicht der Hund vielleicht aus.

2 Richtig motivieren

Motivieren lässt sich der Hund – je nach seiner Persönlichkeit – mit mehr oder weniger »Action«. Angenommen, Sie rufen Ihren etwas eigenständigen oder abgelenkten Hund, bleiben dabei aber ruhig stehen und warten ab, wird er sich nicht sonderlich beeilen. Wenn Sie aber weglaufen, wird Ihr Hund sich bei guter Bindung beeilen, den Anschluss an Sie nicht zu verlieren. Viele Hundehalter verhalten sich oft zu passiv und zu abwartend.

3 Einladend wirken

Besonders auf Welpen wirken Sie einladender, wenn Sie sich auf »Augenhöhe« begeben und beim Heranlocken in die Hocke gehen. Ein freundlicher Gesichtsausdruck, kombiniert mit motivierenden Bewegungen und einer entsprechenden Stimme – und schon kommt der Kleine angeflitzt!

4 Hemmende Signale

Möchten Sie den Hund über Ihre Körpersprache hemmen, etwas zu tun, dann bewegen Sie sich etwas »aufgeplustert« auf ihn zu. Zusätzlich blicken Sie streng (Vorsicht – fremde Hunde können sich dadurch bedroht fühlen!). Dadurch führt der Hund die unerwünschte Handlung nicht aus. Wollen Sie zum Beispiel Ihren Hund auf Entfernung stoppen, weil gerade ein Radfahrer entgegenkommt, dann bewegen Sie sich auf den Hund zu.
Kommt der Hund allerdings zu langsam auf Ruf, bewirken Sie mit einer drohenden Körpersprache genau das Gegenteil – Ihr Vierbeiner wird dann ganz sicher nicht schneller.

5 Ruhe ausstrahlen beim »Platz«

Auch das ist eine klassische Übung, bei der der Hund viel Ruhe braucht, um später auch allein entspannt und zuverlässig liegen zu bleiben. Langsames Streicheln von vorn nach hinten über den ganzen Rücken unterstützt das Platz und überträgt Ruhe. »Betätscheln« Sie also den Hund nicht hektisch. Achten Sie bei temperamentvollen oder nervösen Vierbeinern gut darauf, dass Sie sich nicht unbemerkt von der Hektik anstecken lassen, sondern ganz betont ruhig bleiben.

1

2

3

4

5

Sichtzeichen eindeutig geben

Sichtzeichen müssen eindeutig sein und sich gut unterscheiden. Sie sollten dem Hund von der Körpersprache her entgegenkommen. Beim erhobenen Arm oder bei der erhobenen Hand für das Sitzen schaut der Hund nach oben, dadurch tendiert das Hinterteil schon in Richtung Boden. Für das Platz nehmen Sie eine abwärts gerichtete Handbewegung, wodurch sich der Vierbeiner nach unten orientiert. Beim Bleib kann man beim Weggehen dem Hund kurz die flache Hand ähnlich wie ein Stoppschild vor das Gesicht halten.

Tipp Kombinieren Sie die Sichtzeichen eine Zeit lang stets mit dem entsprechenden Hörzeichen, so wird Ihr Hund bald auch auf die Sichtzeichen allein reagieren.

1 PLATZ Das Handzeichen für »Platz« ist eine deutlich abwärts gerichtete Handbewegung. Durch diese Art der Bewegung »drücken« Sie den Hund praktisch nach unten. Mit zunehmendem Können kann das Sichtzeichen in der Nähe nach und nach dezenter werden. Tipp: Verwenden Sie Häppchen am Anfang der Ausbildung, dann orientiert sich der Vierbeiner schon an der Hand.

2 SITZ Beim »Sitz« geht die Hand deutlich nach oben. Der Hund folgt ihr mit dem Blick, dadurch geht das Hinterteil schon fast automatisch nach unten. Auch hier können Sie das Sichtzeichen mit der Zeit in der Nähe weniger ausgeprägt einsetzen, auf Entfernung aber sehr deutlich. Beim Sitz ist die Vorarbeit mit dem Leckerchen ebenfalls eine Hinführung auf das Handzeichen.

3 BLEIB Die flache Hand wie ein Stoppschild kurz vor seinem Gesicht signalisiert dem Hund, an der ihm zugewiesenen Stelle zu bleiben, auch wenn Sie sich entfernen. Kombinieren Sie das Sichtzeichen anfangs, wie auch bei Platz und Sitz, stets mit dem entsprechenden Hörzeichen. Zeigen Sie das Sichtzeichen dem Hund, bevor Sie sich entfernen, nicht erst, wenn Sie schon weg sind.

Die Stimme – wichtiges Erziehungsmittel

Neben der Körpersprache orientiert sich der Hund an Ihrer Stimme. Beides muss zusammenpassen. Den Sinn eines Wortes kann der Vierbeiner nicht verstehen. Er orientiert sich an der Betonung und am Klang. Die Lautstärke ist relativ unwichtig. Sogar sehr leise lassen sich dem Hund differenzierte Botschaften übermitteln, wenn der Klang der Stimme und die Körpersprache stimmen.

Den Hund gezielt ansprechen

Viele Hunde werden »zugetextet«, das heißt, ihre Zweibeiner reden zu viel mit ihnen. Der Hund kann dem Redefluss nicht wirklich etwas entnehmen. Die Folge ist, dass er auf die Stimme nicht mehr reagiert. Wenn Sie Ihren Hund ansprechen, dann sollte auch eine Aktion folgen, zum Beispiel dass Sie ihn zum Spielen oder Spazierengehen auffordern.

Unnötiges beim Sprechen vermeiden

Übermitteln Sie mit der Stimme nur das, was wirklich wichtig ist für den Hund. Wollen Sie zum Beispiel, dass er sich setzt, reicht ein gut betontes »Sssitz«. So weiß er, was Sie meinen. Nicht dagegen, wenn Sie sagen: »So, jetzt mach mal schön Sitz.« Knabbert er beispielsweise an Ihrem neuen Schuh, ist ein knurriges »Nein« samt entsprechendem Gesichtsausdruck und Bewegung auf den Übeltäter zu wesentlich effektiver als ein hektisches »Ja was machst du denn da, jetzt hörst du aber sofort auf damit«.

Die richtige Stimmlage wählen

Geben Sie dem Hund ein Kommando, so sollte das verbindlich und sicher klingen. Ein Lob geben Sie mit freudiger Stimme und bei Bedarf auch überschwänglich. Ein Tadel klingt entsprechend ernst und streng. Möchten Sie Ihren Hund auf sich aufmerksam machen, muss die Stimme wirklich spannend sein. Rufen Sie dagegen Ihren Hund fünfmal monoton bei seinem Namen, wird er kaum kommen. Apropos Name – er wird oft überstrapaziert, weil viele Hundebesitzer meinen, der Hund reagiert darauf am besten. Aber auch hier kommt es darauf an, den Namen gezielt und mit dem richtigen Tonfall einzusetzen. Mit bewusst eingesetzter Stimme lassen sich Hunde gut lenken – aber das Timing muss stimmen. So kann es nötig sein, innerhalb von Sekundenbruchteilen etwa vom strengen Tonfall ins volle Lob umzuschalten oder von Spannung auf Ruhe und umgekehrt.

Sie wollen die aktive Mitarbeit Ihres Hundes? Setzen Sie Ihre Stimme motivierend und freudig ein.

Warum Hundeerziehung wichtig ist

Vielleicht fragen Sie sich, ob es denn wirklich wichtig sei, die Hundeerziehung so genau zu nehmen. Nun, heute leben die meisten Hunde in dicht besiedelten Gebieten, viele in den Ballungsräumen. Hier ist der Freiraum begrenzt, viele Interessen stoßen aufeinander. Dazu kommt, dass die meisten Hunde heute nicht mehr zum Beispiel als reine Hofhunde am Haus bleiben, sondern als echtes Familienmitglied überall dabei sind – ob beim Freizeitsport, im Urlaub oder beim Einkaufen in der Stadt.

Deshalb ist es ganz besonders wichtig, dass der Hund Menschen gegenüber zuverlässig ist und mit den Reizen unserer Umwelt wie Lärm, Menschenmengen usw. zurechtkommt. Hat er dann noch eine gute Erziehung, werden Sie kaum Probleme bekommen. So können Sie zur Verbesserung des nicht immer rosigen Images der Hundehalter aktiv beitragen, und das Zusammenleben mit dem Vierbeiner gestaltet sich wesentlich entspannter.

Nicht zu vergessen sind natürlich auch die Vorteile für den Hund. Er wird nicht schnell unter Stress geraten, außerdem verschafft ihm ein guter Gehorsam letztlich mehr Freiheit, denn er kann zum Beispiel häufiger frei laufen und muss sein Leben nicht womöglich an der Automatikleine fristen.

Was sollte ein Hund lernen?

Der »durchschnittliche« Familien- und Begleithund sollte ein gewisses Grundprogramm können. Das dient seiner eigenen Sicherheit, aber auch dem weitgehend problemlosen Zusammenleben von Hund und Mensch. Den meisten Hundehaltern sind erfahrungsgemäß zwei Dinge am wichtigsten, nämlich dass der Vierbeiner auf Ruf kommt und dass er nicht an der Leine zieht. Das sind aber schon zwei Übungen, die einiges an systematischem Training erfordern, wie Sie ab Seite 36 lesen werden. Außerdem sollte der Hund lernen, ruhig bei Ihnen zu sitzen oder zu liegen wie auch in einiger Entfernung von Ihnen an einer bestimmten Stelle zu bleiben. Er muss ein paar Stunden allein bleiben können, ohne die Wohnung umzugestalten oder lauthals zu protestieren. Alle diese Übungen dürfen aber nicht nur funktionieren, wenn Sie allein auf weiter Flur oder zu Hause sind, sondern und besonders auch unter Ablenkung sowie in fremder Umgebung. Weiß Ihr Vierbeiner dann zusätzlich noch, dass Lebensmittel, Betteln am Tisch, Leute anspringen, Jogger jagen, Stromkabel und Teppiche anknabbern usw. tabu sind und dass das Hundeklo draußen ist, steht einem harmonischen Miteinander nichts im Weg.

Wann sollte der Hund was können? Übernehmen Sie Ihren Vierbeiner als Welpen vom Züchter, dann sollte er bis zum Ende seiner Welpenzeit, also bis etwa zum Ende des vierten Monats, Folgendes

Erziehung **eines älteren Hundes**

AUF GELERNTEM AUFBAUEN Haben Sie einen älteren Vierbeiner übernommen und beherrscht er schon einiges an Kommandos, dann festigen Sie das zunächst und bauen dann darauf auf.

VON VORNE ANFANGEN Ist er noch gar nicht ausgebildet, oder wissen Sie nicht, worauf er hört, dann fangen Sie mit der Erziehung wie beim Welpen neu an.

Der Jack Russell Terrier ist ein aktiver, willensstarker Jagdhund. Seine Erziehung erfordert viel Ruhe, Konsequenz und Durchsetzungsvermögen.

Der Australian Shepherd ist ein ausdauernder Hütehund, der körperlich wie geistig beschäftigt werden muss. Nur für aktive, engagierte Halter!

können: Er sollte stubenrein sein, auch nachts nicht mehr hinausmüssen, auf seinen Namen hören und zuverlässig zu Ihnen kommen, wenn Sie ihn rufen – auch unter leichter Ablenkung. Der Kleine kann außerdem ruhig an Ihrer Seite sitzen und im Platz liegen – mindestens etwa eine Minute lang und ohne dass Sie einwirken müssen. Auch sollte er die ersten Stufen der Bleib-Übungen (→ Seite 42) beherrschen, also an einer bestimmten Stelle entspannt sitzen oder im Platz liegen bleiben, während Sie etwa einen Meter vor ihm stehen – das Ganze etwa eine halbe Minute lang und ohne Ablenkung. Um ihn ins Sitz oder Platz zu bringen, sollten Sie kein Leckerchen mehr brauchen. Der Welpe läuft mit Motivation kürzere Strecken an der Leine schön bei Fuß. Er hat sich in den Familienalltag eingefügt und gelernt, auch mal Ruhe zu geben, wenn es notwendig ist. Dazu gehört zum Beispiel auch, sich im Restaurant der Situation anzupassen und ruhig unter dem Tisch liegen zu bleiben (ohne Kommando). Auf Spaziergängen schaut er immer, wo Sie sind, und bleibt von selbst in Ihrer Nähe. Das sind Anhaltspunkte – mit Ausnahme des zuverlässigen Kommens, das unbedingt klappen muss. Bei manchen Welpen kann man schon mehr fordern, andere brauchen vielleicht etwas länger. Vieles hängt dabei von Ihnen ab. Wie genau nehmen Sie das Üben? Wie gut können Sie Ihren Hund einschätzen? Wie viel Zeit investieren Sie? Übernehmen Sie einen älteren Hund, dann hängt viel von seinem Vorleben ab.

Nur »ein bisschen« gehorchen? Wie schon gesagt: Die meisten Hundebesitzer meinen, es würde völlig reichen, wenn der Hund auf Ruf kommt und nicht an der Leine zieht. Den Rest sehen sie eher locker. Bedenkt man aber, wie viel Gehorsam und Bindung nötig sind, um den Hund etwa aus dem Spiel mit Artgenossen oder von einem flüchtenden Hasen, der womöglich Richtung stark befahrener Straße läuft, abzurufen, wird rasch klar, dass es dazu mehr als nur »etwas Gehorsam« braucht. Wird vom Vierbeiner ansonsten nichts verlangt und kann

Auf dem Weg zum Dream-Team

Oft werde ich in meinen Kursen gefragt, was besonders wichtig ist bei der Erziehung eines Hundes. Wenn Sie die folgenden Tipps beherzigen, fühlt sich Ihr Hund verstanden, und es kann eigentlich nichts schiefgehen.

Tut gut

- Setzen Sie Ihre Stimme und Körpersprache bewusst und gezielt ein. So versteht Ihr Vierbeiner Sie.
- Verhalten Sie sich dem Hund gegenüber souverän und strahlen Sie innere Autorität aus. Das gibt ihm Sicherheit.
- Seien Sie stets konsequent und beständig, dann hat Ihr Hund eine klare Orientierungslinie.
- Schaffen Sie eine vertrauensvolle Bindung zwischen Ihnen und dem Hund – das ist die Grundlage des harmonischen Zusammenlebens.

Besser nicht

- Überlassen Sie die Grunderziehung des Welpen nicht Ihrem Kind. Es ist für den Hund eher ein Kumpel als ein übergeordneter Partner.
- Vermeiden Sie zumindest die ersten Monate Spaziergänge, bei denen Sie nicht mit dem Hund kommunizieren.
- Vermenschlichen Sie den Hund nicht, das führt leicht zu Missverständnissen oder auch zu echten Problemen.
- Schirmen Sie den vermeintlich noch zu kleinen Welpen nicht von der Außenwelt ab. Sie tun ihm damit nichts Gutes.

er mehr oder weniger tun, was er will, wird er keinen Anlass sehen, gerade in einer solchen Situation zu Ihnen zu kommen.

Die art- und rassespezifischen Bedürfnisse berücksichtigen

Die Erziehung funktioniert nur, wenn Sie die Ansprüche des Hundes an eine artgerechte Haltung erfüllen. So können Sie zum Beispiel nicht erwarten, dass er stundenlang ruhig liegen bleibt (etwa im Restaurant), wenn Sie ihm vorher keine Gelegenheit boten, sich auszutoben und zu lösen. Das gilt auch für das Alleinbleiben – egal, ob zu Hause oder etwa im Hotel. Ein ausgelasteter Hund ist zufrieden und kann sich leichter anpassen als einer, der vor Energie gleich platzt. Auf der anderen Seite schlafen Hunde viel, sodass auch eine Überforderung mit Eindrücken oder Unternehmungen nicht gut ist. Verträgt der Hund bestimmte Dinge nicht, wie zum Beispiel Lärm oder zu viele Menschen, sollten Sie darauf Rücksicht nehmen. Dann ist es bisweilen besser, den Hund zu Hause zu lassen.

Wie lasten Sie den Hund aus? In der Natur müssen sich Wölfe oder Wildhunde um vieles kümmern – um die Nahrungsbeschaffung, die Jungenaufzucht, das rechtzeitige Erkennen von Gefahren usw. Unsere Vierbeiner werden dagegen kaum mehr gefordert, sind aber dennoch voller Energie und Lernfreude. Auslasten heißt deshalb nicht nur Bewegung, sondern auch Kopfarbeit. Besonders Rassen, die für bestimmte Leistungen gezüchtet wurden, brauchen beides. Dazu gehören Jagd- und Hütehunderassen sowie solche, die hauptsächlich im Hundesport eingesetzt werden. Je ausgeprägter bestimmte Eigenschaften sind, die im Alltag zur Belastung oder Gefahr werden können, desto wichtiger ist es, dass der Hund ein ausgewogenes Energielevel hat und zuverlässig gehorcht. Ein starker Jagdinstinkt sowie ein ausgeprägter Wach- und Schutzinstinkt sind Beispiele für solche Eigenschaften. Ist ein Hund chronisch unterfordert, reicht oft schon ein kleiner Reiz als Ventil, damit er seinen Instinkt voll und ganz auslebt.

Bringt Ihr Vierbeiner gern etwas, dann ist Apportieren eine sinnvolle Beschäftigung – es sorgt für Bewegung und Kopfarbeit und vertieft den Gehorsam. Jeder Spaziergang bietet dafür Gelegenheit.

Das Bewegungsbedürfnis schwankt je nach Rasse. Mental mag eigentlich jeder Hund etwas tun, doch die Arbeitsrassen wie Border Collie oder Terrier haben auch hier oft höhere Ansprüche als andere. Als »Kopfarbeit« kann man schon die normalen Erziehungsübungen ansehen. Sie fordern Konzentration und Mitarbeit vom Hund und dienen nebenbei auch zur Intensivierung der Mensch-Hund-Beziehung. Eine halbe Stunde Erziehungsarbeit mit dem Hund bringt vielen Vierbeinern, aber auch der Beziehung zwischen Mensch und Hund wesentlich mehr als eine Stunde reines Spazierengehen.

Erziehen ja, aber wie?

Hundeerziehung verbinden manche Menschen immer noch mit »Abrichten« auf dem Hundeplatz, wie es früher üblich war, aber auch heute noch zu sehen ist. Zeitgemäße Hundeerziehung hat aber nichts mit kasernenhofartigem Drill und Starkzwang zu tun. Allerdings auch nichts mit antiautoritärem »Weichspülen«, was ebenfalls nicht der Art des Hundes entspricht. Zwischen diesen beiden Extremen gibt es noch diverse Möglichkeiten, wobei man bei keiner sagen kann, dass sie grundsätzlich für jeden Hund geeignet ist.

Ziel der Erziehung und Ausbildung ist ein Hund, der freudig mit seinem Menschen zusammenarbeitet und zuverlässig gehorcht – und das nicht nur, weil er gerade Lust hat oder weil der Zweibeiner ein Leckerchen zückt. Ganz ohne »Zwang«, also ohne

Ein gut erzogener Hund wird auch bei Ablenkung gern Kontakt zu seinem Zweibeiner halten.

Hat der Vierbeiner wirklich mal keine Lust zu gehorchen, dann sollten Sie ihn trotzdem korrigieren.

jegliche negative Einwirkung, geht das aber bei den meisten Hunden nicht.

Unterschiedliche Persönlichkeiten Wie Sie vorgehen, richtet sich nicht zuletzt auch nach der Persönlichkeit des Hundes. Selbst innerhalb einer Rasse gibt es oft die unterschiedlichsten Typen. Wichtig ist, dass Sie dem Vierbeiner die Übung mit positiver Motivation vermitteln, und das am besten schon dem Welpen. Nun lässt sich aber nicht jeder Hund gleichermaßen motivieren. Bei dem einen reicht bereits ein kleines Leckerchen, damit er sich voll auf seinen Menschen konzentriert, ein anderer muss dagegen schon sehr hungrig sein oder ein ganz besonderes Häppchen wittern. Für den nächsten ist vielleicht Spielzeug viel reizvoller als etwas Fressbares. Und bei wieder einem anderen reicht vielleicht schon eine entsprechende Stimme oder Körpersprache, dass er voll bei der Sache ist. Und dann gibt es noch die Hunde, die generell schwer zu motivieren sind.

Auch der Charakter spielt eine Rolle. Ist Ihr Hund eher eigenwillig oder stur bzw. nutzt er jede Nachlässigkeit in der Erziehung sofort zu seinem Vorteil aus? Dann brauchen Sie mehr Durchsetzungsvermögen und Konsequenz. Ist er leichtführig und interessiert sich von sich aus fast nur für Sie, fällt die Erziehung leichter. Die Persönlichkeit des Hundes bestimmt also, wie Sie bei der Erziehung vorgehen.

Ein paar Grundregeln

Regelmäßig üben Dies ist wichtig, aber tun Sie es nur, wenn Sie gut drauf sind. Passen Sie die Dauer der Übungseinheiten dem Konzentrationsvermögen und dem Ausbildungsstand Ihres Hundes an. Beim Welpen reichen wenige Minuten. Üben können Sie überall, im Garten genauso wie im Haus oder unterwegs. Nutzen Sie auch die »normalen« Spaziergänge dafür, dann brauchen Sie kaum Extrazeit dafür aufwenden. Mehrere kurze Übungseinheiten sind sinnvoller als eine lange, auch deshalb, weil viele Wiederholungen nötig sind, bis eine Übung wirklich sitzt.

Den »Unterricht« gestalten Planen Sie das Training immer so, dass Sie und Ihr Vierbeiner es mit einem Erfolg beenden. Überlegen Sie vorher genau, was Sie wie üben möchten, und gehen Sie systematisch vor. Klappt eine Übung mal gar nicht, dann brechen Sie sie ab und schließen eine leichtere an. Überlegen Sie nachher, woran der Misserfolg gelegen haben könnte. Hatten Sie die Übung falsch aufgebaut? War die Ablenkung zu groß? Oder waren Ihre Signale nicht eindeutig genug?

Mit dem angeleinten Hund üben Lassen Sie Ihren Vierbeiner beim Üben, außer beim Kommen, in der Anfangszeit stets an der lockeren (!) Leine. Sie dient nicht zum Korrigieren, sondern nur als »Notbremse«. Steht der Hund zum Beispiel aus dem Bleib auf, haben Sie ihn gleich wieder unter Kontrolle. So ist die Korrektur wesentlich effektiver, als wenn Sie ihn erst zu sich rufen und für das Kommen loben müssen, bevor Sie ihn dann wieder in die ursprüngliche Position bringen.

Auflösungshörzeichen einführen

SIE BESTIMMEN DAS ENDE Damit der Hund eine Übung nicht nur so lange ausführt, wie er möchte, muss jede Übung (!) von Ihnen beendet werden. Entweder schließt sich eine andere an, oder Sie entlassen den Hund mit einem speziellen Auflösungshörzeichen, wie etwa »Lauf« oder »Fertig«, in die Freiheit. Das ist ein ganz wesentlicher Aspekt für einen zuverlässigen Gehorsam.

Wichtige Lernphasen im Leben eines Hundes

Bis der Hund erwachsen ist, vergehen je nach Rasse ein bis drei Jahre. Damit in dieser Zeit aus Ihnen und Ihrem Vierbeiner ein Dream-Team werden kann, sollten Sie bestimmte Phasen und Besonderheiten, die zum Leben eines Hundes gehören, beachten und für die Erziehung nutzen.

Vom Welpen zum erwachsenen Hund

Kommt der Welpe zur Welt, ist er taub, blind und ganz auf seine Mama angewiesen. Lediglich der Geruchssinn und das Temperaturempfinden funktionieren schon ein wenig. Diese beiden Fähigkeiten sind lebensnotwendig für das Hundekind, denn dadurch findet es robbend das Gesäuge, Mutter und Geschwister. Außerdem können die Kleinen schon herzzerreißend jammern ...

Vegetative Phase So bezeichnet man diese erste Phase von zwei bis drei Wochen, in der der Welpe noch nicht wirklich viel von seiner Umwelt mitbekommt und im Prinzip nur schläft und trinkt.

Sozialisierungsphase Im Lauf der dritten Woche tut sich etwas. Die Augen öffnen sich allmählich, und auch die anderen Sinne funktionieren nun. Parallel zu dieser Entwicklung wird das Hundekind zunehmend mobiler. Der Welpe beginnt jetzt, bewusst seine Umwelt wahrzunehmen und zu erkunden, mit Mutter und Geschwistern zu spielen, Erfahrungen zu machen und daraus zu lernen: Was sind Artgenossen? Wie sieht meine Umgebung aus, und was kann man damit alles machen? Was ist gefährlich, was nicht? Wie viel traue ich mir zu? Wie verhält man sich im Rudel, was darf man, was nicht? Jetzt beginnt die Sozialisierungsphase. Sie dauert bis etwa zum Ende des vierten Lebensmonats. Das Hundegehirn ist in dieser Zeit und nur in dieser begrenzten Zeitspanne besonders empfänglich für nachhaltiges, prägungsähnliches Lernen. In der Natur ist diese Phase deshalb so wichtig, weil der junge Wolf nur jetzt die elementaren Dinge auf Dauer verinnerlicht. Er macht sich in dieser Phase ein grundlegendes Bild von seinem Umfeld.

Schon in den ersten acht Wochen haben Welpen das Bedürfnis zu lernen, indem sie Erfahrungen sammeln und die Umwelt erforschen.

Am idealsten ist es, wenn der Welpen schon mit Beginn der Sozialisierungsphase die Möglichkeit erhält, vermehrt Kontakt zu verschiedenen Menschen aufnehmen zu können, damit auch sie zu einer Art Artgenossen für den Hund werden. Sie können sich nun sicher vorstellen, was einem Welpen alles fehlt, wenn er seine ersten acht, zehn oder gar zwölf Wochen in einem Zwinger oder Stall verbringen muss, ohne Kontakt zu Menschen und ohne Erkundungsmöglichkeiten.
Ab der Übernahme vom Züchter beginnt Ihr Verantwortungsbereich. Nutzen Sie die Zeit und gestalten Sie die Entwicklung des Welpen bewusst. Bringen Sie ihn dosiert mit allem, was zu Ihrem Leben gehört, in Kontakt. Auch Treffen mit Artgenossen gehören dazu. Dafür bietet sich der Besuch einer guten Welpenschule an. Das Ende der Sozialisierungsphase heißt jedoch nicht, dass der Vierbeiner danach nichts mehr lernen kann. Ganz im Gegenteil: So wie in der Natur noch vieles dazugelernt werden muss, etwa die besten Jagdstrategien, so lernt auch der Hund ein Leben lang und macht seine Erfahrungen. Doch eine gute Sozialisierung ist dafür eine sehr hilfreiche und wichtige Grundlage. Mehr dazu lesen Sie auf Seite 28/29.

Der Junghund Mit dem Ende der Sozialisierungsphase geht die Welpenzeit zu Ende. Haben Sie sie bewusst genutzt, ernten Sie sozusagen schon jetzt die Früchte. Der Junghund hat sich gut in die Familie eingefügt, die kleinen Gehorsamsübungen sitzen, er hat eine vertrauensvolle Bindung zu Ihnen aufgebaut und kommt mit den Reizen unserer Umwelt gut zurecht. Dies alles gilt es in der nächsten Zeit zu festigen, das heißt, die Gehorsamsübungen werden allmählich ausgebaut. Unternehmen Sie viel allein mit dem Junghund und beschäftigen Sie sich gezielt mit ihm.

Spiel als Belohnung

TIPPS VON DER HUNDE-EXPERTIN **Katharina Schlegl-Kofler**

Damit Spiel eine Belohnung wird, muss der Hund auf sein Spielzeug sehr »stehen«. Das geht so:

SCHRITT 1 Der Hund sollte nur ein oder zwei Spielsachen für sich haben.

SCHRITT 2 Ein besonders beliebtes holen Sie gezielt zum Spielen hervor und räumen es anschließend wieder weg. Gut geeignet ist zum Beispiel ein Ball mit Schnur oder ein Tauknoten.

SCHRITT 3 Machen Sie das Spielzeug mit spannender Stimme interessant, und bewegen Sie es im Zickzack und mit »Beutelauten« am Boden vor dem Hund hin und her.

SCHRITT 4 Nun folgt ein kleines Ziehspiel. Apportiert der Hund gern, werfen Sie ihm das Spielzeug. Bei Ziehspielen sollten überwiegend Sie der Sieger sein.

SCHRITT 5 Beenden Sie das Spiel, bevor der Hund keine Lust mehr hat.

Wichtig: Stimmen Sie das Spiel auf Ihren Hund ab – er soll voller Freude dabei sein, sich aber nicht zu sehr hineinsteigern.

Die Pubertät In das zweite Lebenshalbjahr fällt die Pubertät. Es kann sein, dass der Junghund eine Phase der Unsicherheit zeigt. Dinge, die ihm bisher nicht aufgefallen sind, erregen plötzlich sein Misstrauen oder erwecken in ihm Angst. Ob und wie stark Sie das bei Ihrem Vierbeiner feststellen, hängt von dessen Grundveranlagung ab. Sensible Hunde reagieren oft stärker als nervlich robuste. Auch Gehorsamsprobleme können auftreten, wenn der Vierbeiner seine Grenzen auslotet und so Ihre Führungsqualität auf die Probe stellt. Das muss aber nicht so sein. Oft werden echte Gehorsamsprobleme in dieser Zeit leichtfertig mit Pubertätssymptomen entschuldigt. Je systematischer und konsequenter Sie Ihr Hundekind schon im Welpenalter erzogen haben, umso weniger werden jetzt Probleme auftreten. Hat der Vierbeiner aber bereits oft die Erfahrung gemacht, dass er Sie manipulieren oder leicht um den Finger wickeln kann, wird er diese Schwachstellen jetzt natürlich stärker ausnutzen. Er lernt ja, wie Sie wissen, am Erfolg. Auch die Persönlichkeit des Hundes spielt wieder eine Rolle. Sehr führige Vierbeiner werden Ihre Position als Rudelführer weniger infrage stellen als beispielsweise recht eigensinnige.
Oft noch vor dem ersten Geburtstag, bei manchen Rassen aber auch später, wird der Vierbeiner geschlechtsreif – Hündinnen werden läufig, Rüden beginnen das Bein zu heben.

Ihre Rolle als »Teamchef«

Im Mensch-Hund-Team sollten Sie der Chef sein. Aber was macht einen guten »Rudelführer« aus? Er kümmert sich um sein Rudel, das heißt, er achtet auf Gefahren, sorgt für Nahrung, hat Erfahrung, besteht auf die Einhaltung von Regeln und ist souverän. Das alles gibt dem Hund Sicherheit und das

Erlebt der Hund Spaß hauptsächlich mit Ihnen, und stimmen Bindung, Rangordnung und Erziehung, dann sind Sie der Mittelpunkt in seinem Leben.

Warten **vor dem Futternapf**

Hat Ihr Hund das Kommen in Verbindung mit dem Futter gelernt, beginnen Sie, ihn vor dem gefüllten Napf warten zu lassen, bis Sie ihm die Erlaubnis zum Fressen geben. Damit beugen Sie der Futterverteidigung vor und unterstreichen Ihren Status.

SCHRITT 1 Sie richten die Mahlzeit her.

SCHRITT 2 Bevor Sie den Napf auf den Boden stellen, muss der Hund »Sitz« machen.

SCHRITT 3 Stellen Sie nun den Napf auf den Boden, der Hund bleibt sitzen.

SCHRITT 4 Nach einigen Momenten und wenn der Vierbeiner ruhig sitzt, nennen Sie das Auflösungshörzeichen. Der Hund darf nun fressen.

Gefühl, dass er sich nicht selbst um diese Dinge kümmern muss. Souveränität und die Ausstrahlung einer natürlichen Autorität sind die wichtigsten Eigenschaften, die Sie dafür haben sollten. Dann wirken Sie allein schon dadurch überzeugend auf Ihren Vierbeiner. Weiterhin ist wichtig, darauf zu achten, dass Aufforderungen und Aktivitäten überwiegend von Ihnen ausgehen und dass Sie andererseits auf forderndes Verhalten Ihres Hundes nur selten eingehen. Je selbstbewusster und fordernder der Hund ist, desto genauer sollten Sie das beherzigen. Im Alltag gibt es dafür vielerlei Situationsbeispiele – etwa wenn der Hund bellend nach einem Happen verlangt, in den Garten will, gestreichelt werden möchte, zum Spiel oder zum Spaziergang auffordert usw. Wer den Ton angibt, ist der Boss – denken Sie bitte daran.

Aber in der Realität ist es meistens so, dass Hundehalter bewusst wie auch unbewusst auf die Forderungen ihres Hundes eingehen und der Hund alles darf. Er liegt auf der Couch, wird vom Tisch gefüttert, darf schnüffeln, wo er will. Kurz: Er genießt ein Rundum-Verwöhnprogramm. Wird der Hund dann zu eigenständig und ignoriert seinen Menschen zunehmend, heißt es oft, der Vierbeiner ist »dominant«. Dabei kann er gar nicht anders, als das zu tun, was er will oder für richtig hält, weil er niemanden hat, an dem er sich orientieren kann, und weil er mit seinem Verhalten Erfolg hat.

Tipp Überprüfen Sie immer wieder Ihr Verhalten dem Hund gegenüber, denn oft schleichen sich Ungenauigkeiten langsam ein.

Indirekte Rangeinweisungen Fehlt Ihnen die entsprechende Ausstrahlung oder gibt es bereits Probleme mit der Rangordnung, dann können Sie Ihrem Vierbeiner durch sogenannte indirekte Rangeinweisungen seinen Platz im Rudel verdeutlichen. Sofa, Bett und ähnliche »Liegeplätze« der ranghohen Rudelmitglieder sind dann für den Hund tabu. Durch eine Türe oder durch andere Engstellen gehen Sie zuerst, nicht der Hund. Sein Futter erhält der Vierbeiner erst, nachdem Sie gegessen haben, nicht unmittelbar vorher. Auch bestimmte Räume, zum Beispiel das Schlafzimmer, können tabu sein.

Gut erzogen: Ruhig bleibt der Hund vor dem gefüllten Futternapf sitzen. Erst mit dem Auflösungshörzeichen eröffnen Sie für ihn sozusagen das Buffet!

DIE GRUNDERZIEHUNG

Einen Vierbeiner, der die Grundübungen der Erziehung beherrscht, können Sie überall mit hinnehmen – sei es zum Joggen, Bergwandern, ins Restaurant oder zu einem stressfreien Stadtbummel.

Grundsätzliches zur Erziehung

Was die Theorie anbelangt, haben Sie nun schon einiges kennengelernt. Kommen wir nun zur praktischen Umsetzung des Gelesenen. Die Erziehung beginnt im Prinzip an dem Tag, an dem Sie den Hund zu sich holen – egal, ob es ein Welpe oder ein erwachsener Hund ist. In den ersten Tagen sollte der Hund hauptsächlich seine neuen Bezugspersonen und sein neues Zuhause kennenlernen. Manche Hunde sind erkundungs- und kontaktfreudiger, manche vielleicht zunächst etwas unsicher und zurückhaltend. Lassen Sie dem Vierbeiner Zeit. **Übernehmen Sie einen älteren Hund,** sollten Sie möglichst viel über sein Vorleben in Erfahrung bringen, um ihn besser einschätzen zu können. Kennen Sie seinen Namen, behalten Sie den am besten bei. Bedenken Sie, dass ein erwachsener Hund aufgrund seiner Erfahrungen ganz anders reagieren kann als ein Welpe.

Mit System vorgehen

Für die Erziehung brauchen Sie einige Ausrüstungsgegenstände. Außerdem sollten Sie sich einen Plan zurechtlegen, wie Sie die einzelnen Schritte durchführen möchten. Welpen müssen zunächst einmal lernen, auf ihren Namen zu hören, sowie an Halsband und Leine gewöhnt werden. Die Übungen müssen logisch aufeinander aufgebaut sein, sonst begreift sie Ihr Vierbeiner nicht. So hat es zum Beispiel keinen Sinn, eine Bleib-Übung zu beginnen, wenn er es noch nicht schafft, eine Zeit lang ohne Hilfe ruhig neben Ihnen sitzen oder liegen zu bleiben. Steigern Sie die Anforderungen also nur langsam und immer erst dann, wenn die vorherige Schwierigkeitsstufe wirklich sitzt. Neues üben Sie zunächst ohne Ablenkung, erst nach und nach bauen Sie diese mit ein. Gestalten Sie die Übungen so, dass der Hund keinen Fehler machen kann.

Die passende Ausrüstung

Zum Equipment für Erziehung und Ausbildung gehören Halsband und Leine sowie Spielzeug und Leckerchen. Von Vorteil ist auch eine Hundepfeife.

Das Halsband

Es gehört zur Grundausstattung des Hundes. Der Zoofachhandel bietet viele Modelle, aus Leder oder aus Nylon, mit und ohne Verzierungen, glatt oder geflochten, außerdem Kettenhalsbänder. Wichtig ist, dass es die richtige Größe hat, relativ breit ist und sich nicht unbegrenzt zuzieht. Für den Welpen empfiehlt sich ein Halsband, das sich problemlos in der Weite verstellen lässt, denn der Welpe wächst rasch. Das Halsband sollte immer locker sitzen. Es darf sich aber nicht über den Kopf ziehen lassen, sonst kann der Hund herausschlüpfen. Sogenannte »Kettenwürger« oder Halsbänder ohne Zugbegrenzung sind ungeeignet. Ebenfalls indiskutabel ist die Verwendung eines Stachelhalsbandes.

Brustgeschirr statt Halsband? Heutzutage hört man häufig, Halsbänder seien schädlich für den Hund und führten zu gesundheitlichen Problemen. Bei ganz normalem Gebrauch des Halsbandes ist das sicher nicht der Fall. Bei unsachgemäßem Gebrauch, etwa ständige, starke Leinenrucke, schadet man dem Hund dagegen mit jedem Hilfsmittel. Neigt der Hund zum Zerren, können Sie ihm dies mit einem Geschirr angenehmer machen, es ihm aber nicht unbedingt abgewöhnen. Sinnvoll kann ein Brustgeschirr für sehr ängstliche oder kleine »zerbrechliche« Hunde sein oder wenn eine medizinische Indikation wie zum Beispiel ein Ekzem am Hals besteht. Üblich sind diverse Geschirre für Ausbildungsbereiche, in denen der Hund ziehen bzw. den Kopf nach unten nehmen soll, wie etwa bei der Fährtenarbeit und selbstverständlich im Schlitten- und Zughundesport. Letztlich bleibt es Ansichtssache. Wenn Sie aber mit Ihrem Hund artgerecht kommunizieren und umgehen, werden Sie ihm auch mit einem Halsband nicht schaden.

1 Belohnungshappen sollten relativ klein sein, sodass der Hund nicht lange kauen muss. Zerschneiden Sie sie gegebenenfalls in kleine Stücke.

2 Ein solches geknotetes Tau eignet sich sehr gut für Ziehspiele, aber auch zum Bringen. Wählen Sie eine für Ihren Hund geeignete Größe.

Die Leine

Für Erziehung und Alltag eignet sich am besten eine Führleine, die sich durch zusätzliche Ringe und einen zweiten Karabiner in der Länge variieren lässt. Dadurch können Sie sie für manche Übungen verlängern oder den Hund damit ohne Aufwand mal festbinden, wenn erforderlich. Die Leine muss zum Vierbeiner passen. Eine zu schwere Leine für einen kleinen Hund ist genauso ungünstig wie eine zu schmale für einen kräftigen, großen Hund. Achten Sie auf einen stabilen Karabiner und auf eine gute Verarbeitung.

Die Hundepfeife

In erster Linie verwendet man sie, um den Hund auf einen Komm-Pfiff zu konditionieren, und zwar zusätzlich zum gesprochenen »Hier« (→ Seite 36). Ein Pfiff wirkt besonders gut, da er sich vom täglichen Redefluss eindeutig unterscheidet und nur in der dafür bestimmten Situation verwendet wird. Außerdem wirkt er auf Entfernung wesentlich besser als eine zarte Stimme.
Aber wie schon erwähnt, muss der Hund mit System darauf konditioniert werden. Achten Sie auch darauf, dass nicht Ihre Kinder auf der Hundepfeife »herumpfeifen«, sonst ist der Erziehungseffekt rasch weg. Wählen Sie ein stabiles Modell im Zoofachhandel, und kaufen Sie am besten gleich noch mindestens eine identische Ersatzpfeife dazu.

Leckerchen

Kleine, weiche Häppchen sind zum Trainieren einer neuen Übung eine wertvolle Hilfe, da Futter für die meisten Hunde etwas sehr Reizvolles ist. Doch Vorsicht – oft rutscht man in die »Bestechungsfalle«. Nur bis der Hund verstanden hat, worum es geht, wird er mittels Happen in der Hand zum gewünschten Verhalten motiviert. Danach wird das Belohnungshäppchen erst dann aus der Tasche geholt, wenn der Vierbeiner die Übung ausgeführt hat.

3 Verwenden Sie eine Führleine, die sich bequem in der Länge variieren lässt. Das ist in der Ausbildung für manche Übungen sehr sinnvoll.

4 Nylonhalsbänder sind pflegeleicht und einfach in der Weite zu regulieren. Achten Sie auf einen stabilen Verschluss und die zu Ihrem Hund passende Größe.

5 Eine Hundepfeife sollte aus stabilem Material sein, damit sie lange hält. Wenn Sie sich die Pfeife unterwegs umhängen, haben Sie sie stets parat.

Spielzeug

Steht der Hund mehr auf Spielzeug, können Sie auch das als Belohnung einsetzen. Dazu muss das Spielzeug aber das Nonplusultra und auf den Vierbeiner abgestimmt sein. Bringt der Hund gern etwas zu Ihnen, können Sie zum Beispiel einen Ball mit Schnur verwenden. Liebt er Ziehspiele, nehmen Sie ein Ziehtau. Dieses Belohnungs-Spielzeug darf der Hund aber nicht ständig zur Verfügung haben.

So sozialisieren Sie Ihren Welpen

Damit Ihr Hundekind später Ihr Lebensumfeld auch als seine Welt ansieht, muss er nach und nach damit vertraut gemacht, also sozialisiert werden. Das kann, je nach Art der Hundehaltung, ganz unterschiedlich verlaufen. Ein Hütehund etwa, der fast ausschließlich mit seinem Vieh zu tun hat, braucht eine andere Sozialisierung als ein Familienhund, der seine Zweibeiner fast überallhin begleitet. In diesem Ratgeber geht es um den Familienhund.

Dieser Welpe passt sich schön an. Er akzeptiert, dass jetzt »Ruhe geben« angesagt ist.

Gewöhnung an neue Eindrücke

Nach ein paar Tagen der Eingewöhnung kann's losgehen. Der »durchschnittliche« Familienhund muss mit vielerlei Eindrücken zurechtkommen – Stadt, Verkehrsmittel, Menschen aller Art, Verkehrslärm, Menschenansammlungen, verschiedenste Arten von Untergrund usw.

Menschen kennenlernen Ihr Welpe hatte hoffentlich schon beim Züchter ausreichend Kontakt mit Menschen. Diese Erfahrungen sollten Sie nun ausbauen. Gut sind Kontakte zu Zweibeinern unterschiedlichster Art: von Kindern verschiedenen Alters bis zu älteren Menschen, evtl. auch mit Gehstock. Lassen Sie aber nicht zu, dass der Welpe von Fremden gefüttert wird, sonst bettelt er später jeden an. Zur Begrüßung des Kleinen geht man am besten in die Hocke, damit er von Anfang an möglichst niemanden anspringt.

Die Umwelt erkunden Zeigen Sie dem Welpen in den nächsten Wochen sein Umfeld. Dazu gehört normalerweise die Natur mit Wald, Wiesen, Wasser, aber auch Treppen, diverse Arten von Böden wie glatte Holz- und Steinböden sowie Gitterroste (Vorsicht, nur solche Gitterroste einplanen, durch die die Pfoten nicht durchrutschen). Treppen sollte ein Welpe ab und zu laufen, aber nur ein paar Stufen, damit die Gelenke nicht überanstrengt werden.

Ausflüge planen Der Welpe darf natürlich nicht überfordert werden. Planen Sie also Ihre Sozialisierungsausflüge gut. Wenn Sie mit dem Hund etwa ein Stündchen in der Stadt sind oder ihn in ein Lokal zum Essen mitnehmen, sollte keine weitere größere Unternehmung am gleichen Tag auf dem Plan stehen. Nehmen Sie immer ein, zwei Tüten für die Beseitigung eventueller »Geschäfte« mit. Sorgen Sie auch dafür, dass der Hund relativ hungrig ist, und nehmen Sie eine Portion Häppchen mit. Wenn nötig, können Sie ihn dann damit motivieren, wenn er sich etwas nicht zutraut.

Reize dosieren Wenn Sie Ihren Welpen mit reizintensiven Situationen wie zum Beispiel mit einer Fahrt in einem öffentlichen Verkehrsmittel oder dem Treiben in der Fußgängerzone oder Ähnlichem konfrontieren, dann wählen Sie zumindest anfangs eine Zeit aus, in der nicht allzu viel los ist. Und nehmen Sie sich keine Erledigungen vor. Denn nur so haben Sie die nötige Ruhe, sich ganz auf den Vierbeiner zu konzentrieren.

Wenn der Welpe unsicher ist

Traut sich der Welpe zum Beispiel nicht, über einen glatten Boden zu laufen, dann motivieren Sie ihn mit Leckerchen dazu. Falls er angeleint ist, bleibt die Leine locker. Ziehen Sie nicht an der Leine! Er bekommt den Happen, während er sich auf dem ungewohnten Untergrund befindet, ein echter »Hasenfuß« schon dann, wenn er nur eine Pfote darauf gesetzt hat. Belohnen Sie also bereits kleine Schritte in die richtige Richtung. Das stärkt die Selbstsicherheit des Welpen. Kann er sich jedoch auch mit Leckerchen nicht oder nicht zu mehr überwinden, belassen Sie es dabei. Mehr dazu auf Seite 54.

Kleiner **Übungsplan**

LEBENSPHASE	DAS SOLLTE IN DIESER PHASE STATTFINDEN
WELPE BIS 16 WOCHEN	› Sozialisierung mit Umweltreizen, Menschen, Artgenossen › Regelmäßige Bindungsspaziergänge › Kommen systematisch konditionieren › Gezielt mit dem Welpen spielen › Erste Formen des Alleinbleibens üben › Restliche Grundgehorsamsübungen in kleinen Dosen
BIS DER VIERBEINER ERWACHSEN IST	› Das Kommen festigen und ausbauen › Gezielt und regelmäßig spielen › Grundgehorsam festigen und ausbauen › Spaziergänge gestalten durch Beschäftigung und Richtungswechsel › Gelegentlicher Kontakt mit Artgenossen, kombiniert mit Übungen
DAS GANZE HUNDELEBEN	› Den Hund sinnvoll beschäftigen und auslasten › Gehorsam durch abwechslungsreiche Übungen ständig am »Köcheln« halten › Regelmäßig spielen › Wenig »ereignislose« Spaziergänge › Weiterhin auf gute Bindung achten

Die Bindung aufbauen

Eine vertrauensvolle Bindung zwischen Hund und dem übergeordneten Teampartner Mensch ist der Grundstein des Zusammenlebens. Bindung heißt, dass der Vierbeiner sich an Ihnen orientiert, Sie respektiert und Ihnen vertraut. Welpen bringen eine gute Bindungsbereitschaft mit, weil ihnen ihr Instinkt sagt, dass sie allein nicht überleben können. Egal, ob Sie einen Welpen oder älteren Hund übernehmen – wichtig ist, dass Sie in den nächsten Wochen möglichst viel Zeit mit ihm verbringen. So lernt er Sie kennen und Sie ihn – für ein harmonisches Miteinander die beste Voraussetzung.

Tun Sie so, als hätten Sie etwas ganz Interessantes gefunden – und schon wird Ihr Hundekind angesaust kommen. Belohnen nicht vergessen!

Bindungsspaziergänge

Sie wünschen sich sicher einen Hund, mit dem Sie stressfrei spazieren gehen können, der also von sich aus Anschluss an Sie hält. Das erreichen Sie am besten mit kleinen, aber regelmäßigen Bindungsspaziergängen, bei denen Sie den ausgeprägten Nachfolgeinstinkt des Welpen nutzen. Beginnen Sie damit nach ein paar Tagen der Eingewöhnung. Tragen Sie dazu den Kleinen oder fahren Sie mit ihm ins Grüne, weitab einer Straße und frei von Ablenkungen.

Dort angekommen, setzen Sie den Welpen unangeleint auf den Boden. Nun gehen Sie los. Anfangs können Sie bei Bedarf kurz locken, dann sagen Sie möglichst nichts mehr. Der Welpe wird Ihnen folgen. Ändern Sie nach einigen Metern immer wieder die Richtung, indem Sie zum Beispiel um Bäume kurven. Möchte der Welpe Sie überholen oder entfernt er sich anderweitig von Ihnen, gehen Sie sofort mit einer 180-Grad-Kehrtwendung und ohne Ankündigung in die andere Richtung. So wird dem Kleinen nachhaltig »eingetrichtert«, dass er von sich aus darauf achten muss, den Anschluss an Sie nicht zu verlieren. Üben Sie auf diese Weise einmal täglich – mit dem jungen Welpen nur fünf Minuten, im Alter von 16 Wochen bis zu 15 Minuten. Wechseln Sie immer wieder das Gelände, denn viele Welpen werden selbstständiger, wenn sie sich in ihrer Umgebung schon auskennen.

Hoppla, Frauchen ist schon weg, jetzt aber nichts wie hinterher! So lernt der Welpe auf den Bindungsspaziergängen, stets auf Sie zu achten.

Ist Ihr Hund ein Spiel-Typ, sollten Sie mit ihm auch regelmäßig spielen, selbst wenn er älter ist. Denn was beiden Spaß macht, fördert den Zusammenhalt!

Der ältere Hund Unangekündigte Richtungswechsel sind auch später beim älteren Hund nützlich, müssen aber nicht mehr unbedingt so regelmäßig trainiert werden – es sei denn, Sie stellen fest, dass Ihr Vierbeiner nicht mehr gut darauf achtet, wo Sie sind. Auch beim älteren Hund sollten Sie das Gelände wechseln.

Übernehmen Sie einen bereits älteren Hund, ist der Nachfolgeinstinkt nicht mehr wirksam. Sind Sie sich unsicher, ob die Bindung an Sie schon fest genug ist, verwenden Sie für diese Übung sicherheitshalber eine fünf bis zehn Meter lange Leine.

Zuwendung und Beschäftigung

Alles, was dem Hund mit Ihnen zusammen Spaß macht, fördert den Zusammenhalt. Spielen Sie mit ihm oder animieren Sie ihn zu Geschicklichkeitsübungen, indem Sie ihn mittels Leckerchen zum Beispiel über einen Baumstamm balancieren lassen. Ihrer Fantasie sind keine Grenzen gesetzt. Auch durch Körperkontakt stärken Sie die Bindung. Dazu gehört Streicheln, aber auch beispielsweise Bürsten mit einer Noppenbürste, die den Hund nicht ziept. Gemeinsames Kuscheln auf dem Teppich oder auf einer Wiese nach dem Bindungsspaziergang oder nach einer kleinen Trainingseinheit lieben die meisten Welpen ebenfalls. Viele Hunde mögen dieses Kontaktliegen auch später noch, wenn sie dem Welpenalter schon entwachsen sind.

Hinweis Die Förderung der Bindung ist nicht nur eine Sache der Welpenzeit, sondern gilt für das ganze Hundeleben.

Wichtig: eine klare Linie und Regeln

Die Bindung fördern bedeutet nicht, den Hund rund um die Uhr in den Mittelpunkt zu stellen. Besser ist es, sich gezielt mit ihm zu beschäftigen. Aber, wie Sie schon auf Seite 18 lesen konnten, nicht, wenn der Hund das fordert, sondern überwiegend wenn Sie möchten. Geltende Regeln bleiben verbindlich. Ihre Souveränität und innere Autorität sind ebenfalls wichtige bindungsfördernde Faktoren.

Bindung aufbauen

Gehorsam

Souveränität ist ein wichtiges Element der Bindung. Dazu gehört, dass der Hund Regeln einhält, dass Sie ihm Grenzen setzen undmit ihm systematisch Gehorsamsübungen machen. Auch Lobfür guten Gehorsam fördert Bindung.

Kuscheln

Körperkontakt vermittelt Ihrem Hund Sicherheit und Geborgenheit. Streicheln, Kontaktliegen, zum Beispiel nach einem Erkundungsausflug, aber auch die Fellpflege mit einer weichen Bürste oder mit einem Massagehandschuh festigen durch die sanften, angenehmen Berührungen die Zusammengehörigkeit von Ihnen und Ihrem Vierbeiner.

Füttern

Eine Aufgabe des Rudelführers ist es, für Nahrung zu sorgen. Wölfe jagen gemeinsam. Bei ihrer Rückkehr werden sie von den Welpen begrüßt und würgen Nahrung hervor. So ist auch die Fütterung ein wichtiger Bindungsfaktor zwischen Ihnen und Ihrem Hund.

Umwelt

Wo mein Mensch ist, kann mir nichts passieren – gemeinsames Erleben verbindet und vermittelt Ihrem Hund Umwelteindrücke. Erkundungsausflüge, auf denen er eventuell auftretende Unsicherheiten mit Ihrer Unterstützung überwindet, und Bindungsspaziergänge stärken die Selbstsicherheit des Hundes. Auch das Vertrauen zu Ihnen wird dadurch enorm gestärkt. Außerdem lernt der Vierbeiner, von sich aus Anschluss zu halten, das heißt, sich stets an Ihnen zu orientieren.

Spiel

Spielen macht dem Hund sehr viel Spaß. Und wenn er diesen Spaß mit seinem Menschen erlebt, dient das dem Aufbau und der Festigung einer guten Bindung. Aber auch beim Spielen muss der Hund Regeln einhalten, wie nicht zu schnappen. Tipp: Spielen Sie mit Ihrem Hund sein ganzes Leben lang, nicht nur in der Welpenzeit.

Was der Vierbeiner lernen muss

Neben der Sozialisierung, der Gewöhnung an Menschen und die Umwelt, muss der Welpe lernen, auf seinen Namen zu hören und stubenrein zu werden.

Einen Namen geben

Nennen Sie den Namen immer dann, wenn damit etwas für den Welpen Angenehmes in Verbindung steht. Also etwa beim Streicheln, wenn Sie ihn zum Spiel auffordern oder ihm ein Leckerchen geben.

Kombinieren Sie kein Verbot wie »Pfui« oder »Nein« mit dem Namen, sonst ist er für den Hund negativ besetzt. Auch sollten Sie den Namen nicht grundlos nennen. Denn wenn der Welpe mit dem Namen nichts verbinden kann, wird dieser bedeutungslos. Übernehmen Sie einen älteren Hund, der schon einen Namen hat, bleiben Sie am besten dabei. Verwenden Sie ihn aber ebenfalls nur positiv. Das schafft schon mal erstes Vertrauen. Hat er noch keinen Namen, gehen Sie wie beim Welpen vor.

Die Stubenreinheit

Das A und O auf dem Weg zur Stubenreinheit ist, dass Sie das Hundekind möglichst ständig in Ihrer Nähe und im Auge behalten, damit Sie es bei Bedarf sofort hinausbringen können. Je seltener der Welpe Gelegenheit hat, sich im Haus zu lösen, umso schneller lernt er, dass das nur draußen erwünscht ist. Deshalb sollte er auch nachts ganz in Ihrer Nähe schlafen. Schränken Sie seinen Radius nachts ein, indem Sie ihn beispielsweise in einer Hundebox oder größeren Kiste unterbringen. Kann er sich nämlich nicht von seinem Schlafplatz entfernen, wird er winseln, falls er »muss«. Sie hören ihn und können ihn sofort hinausbringen. Loben Sie ihn anfangs, wenn er sich draußen löst, und sagen Sie während seiner »Tätigkeit« zum Beispiel stets »Beeil dich« oder Ähnliches. Dann können Sie ihn später allein mit diesem Hörzeichen dazu bewegen, sich zu lösen.

»Muss« der Welpe, ist Eile geboten. Dann tragen Sie ihn am besten gleich hinaus. Locken dauert zu lang.

Wann hinausbringen? Bringen Sie den Welpen routinemäßig nach jedem Aufwachen hinaus, außerdem nach dem Fressen oder Spielen und spätabends. Aber auch zwischendurch, wenn er etwa unruhig am Boden schnüffelt, sich im Kreis dreht oder etwas abseits offenbar ein Plätzchen sucht. Drückt das Hundekind ein Bedürfnis, dann ist ähnlich wie bei einem Kleinkind Eile geboten. Am besten tragen Sie den Welpen dann rasch hinaus – zumindest die erste Zeit. Wenn Sie ihn hinausführen oder -locken, kann das schon zu lang dauern.
Der ältere Hund Übernehmen Sie einen Hund jenseits des Welpenalters, dann ist er höchstwahrscheinlich bereits stubenrein. Gehen Sie aber auch mit ihm zunächst häufiger hinaus, um seinen Rhythmus herauszufinden und solange Sie nicht sicher wissen, ob er sich meldet, falls er muss. Ein sensibler Hund kann durch die neue Umgebung anfangs zu Durchfall neigen.

Tabuzonen

Möchten Sie, dass Ihr neuer Hausgenosse, ob Welpe oder älterer Hund, bestimmte Bereiche im und ums Haus nicht betritt, wie zum Beispiel Schlafzimmer, Küche, Treppen oder Blumenbeete, dann verhindern Sie eine gewisse Zeit einfach den Zutritt etwa durch Absperren oder Einzäunen. Eventuelle Proteste des Vierbeiners ignorieren Sie. So erlebt der Hund von Anfang an, dass er nicht dorthin kann, und versteht später ein »Nein« besser.
Ein älterer Hund kennt das Betretungsverbot vom Vorbesitzer evtl. gar nicht. Ohne Absperrung käme er immer wieder mal in die »Verbotszonen«, da Sie ihn ja nicht ständig im Blick haben können. Dadurch müssten Sie ihn ziemlich häufig zurechtweisen, was dem Aufbau einer guten Mensch-Hund-Beziehung nicht unbedingt förderlich ist.

Hund und **Kind**

TIPPS VON
DER HUNDE-EXPERTIN
Katharina Schlegl-Kofler

Kinder und Hunde können die besten Freunde werden, wenn man einige Dinge beachtet:

VERANTWORTUNG Die Verantwortung und die Aufgabe der Erziehung liegt immer bei Ihnen.

»KINDERHUND« Kinderfreundlichkeit ist in erster Linie eine Frage der Erfahrungen und Veranlagung, nicht der Rasse. Grundsätzlich eignen sich gelassene, nervenfeste Hunde ohne ausgeprägten Wach- und Schutzinstinkt am besten für Familien mit Kindern.

RICHTIG SPIELEN Kinder sollten mit dem Hund nur Spiele spielen, bei denen sie dem Hund nicht unterlegen sind.

NIE ALLEIN Lassen Sie Kinder nicht mit dem Hund allein. Das gilt auch für das Spazierengehen. Er könnte sich losreißen oder gar das Kind auf die Straße zerren.

RICHTIGER UMGANG Achten Sie darauf, dass Ihr Hund nie von Kindern herumkommandiert, geärgert oder im Schlaf gestört wird und dass ihm kein Kind etwas wegnimmt.

Die wichtigsten Basisübungen

Kommen auf Ruf

Das ist eine der wichtigsten Gehorsamsübungen. Erfahrungsgemäß ist es auch den meisten Hundebesitzern sehr wichtig, dass ihr Hund zuverlässig auf Ruf kommt. Dies wird aber viel zu wenig mit System geübt. Beginnen Sie damit schon beim Welpen, haben Sie den Vorteil, dass der Vierbeiner dies sehr nachhaltig, also prägungsähnlich im Gehirn abspeichert. Aber Vorsicht: Erlebt der Welpe bei nicht durchdachtem Übungsaufbau, dass er das Hörzeichen genauso gut auch ignorieren kann, weil Sie nicht konsequent dessen Einhaltung fordern, prägt sich auch das nachhaltig ins Gehirn des Hundes ein! Die Übung lernt er auch dann nicht, wenn das Hörzeichen, das Sie verwenden, nicht eindeutig ist. Das heißt, wenn Sie den Hund mal mit »Komm«, mal mit »Hierher« oder ähnlich rufen. Gestalten Sie die Übung deshalb immer so, dass der Welpe nichts anderes macht, als sofort zu Ihnen zu kommen.

1 Kommt der Welpe, gibt es sofort die Belohnung für das Kommen, denn das wollten Sie ja jetzt von ihm. Er muss also noch nicht gleich sitzen.

2 Kann er das »Sitz« schon, dann lassen Sie ihn anschließend sitzen und leinen ihn an. Wenn Sie möchten, belohnen Sie ihn für das Sitzen extra.

So klappt es In den ersten Tagen kombinieren Sie das Hörzeichen mit dem Füttern. Sie bereiten das Futter zu, während eine andere Person den Welpen ein paar Meter entfernt festhält. Erwartungsvoll wird er zu Ihnen drängen, was sehr positiv für das Lernen dieses Hörzeichens ist. Ist das Futter fertig, gehen Sie in die Hocke und rufen den Kleinen mit »Hier«, gegebenenfalls zusätzlich mit Pfiff. Den Napf oder das leckere Häppchen halten Sie dabei in der Hand. Der Welpe wird losgelassen und düst zu Ihnen. Ganz bei Ihnen angekommen, loben Sie ihn und stellen den Napf dicht bei sich auf den Boden. Das machen Sie nun bei jeder Mahlzeit so, also beim Welpen drei bis vier Mal am Tag. Bei älteren Hunden gehen Sie genauso vor, mangels mehrerer Mahlzeiten nehmen Sie dann einfach leckere Häppchen.

Klappt bis hierher alles super, rufen Sie den Welpen zusätzlich zu den Mahlzeiten zwischendurch einige Male aus verschiedenen Stellen im Haus zu sich, ohne dass ihn jemand festhält. Dabei darf er aber nicht abgelenkt sein und auch nicht aus dem Schlaf gerissen werden. Auch das machen Sie einige Tage. Kommt der Vierbeiner stets prompt, verlegen Sie die Übung in den Garten oder auf den Balkon. Rufen Sie ihn dort zu sich oder von dort ins Haus. Klappt auch das über eine Woche lang ohne Probleme, verlagern Sie die Übung allmählich nach draußen. Aber auch dann sollten Sie systematisch vorgehen: Wollen Sie Ihren Welpen zu sich rufen, machen Sie ihn mit spannender Stimme auf sich aufmerksam und bewegen sich von ihm weg. Kommt er angeflitzt, nennen Sie das Hörzeichen »Hier«, noch während er zu Ihnen unterwegs ist und wenn Sie sicher sind, dass er nicht doch noch abbiegt. Anfangs sagen Sie das Hörzeichen sicherheitshalber dann, wenn der Welpe schon relativ nah bei Ihnen ist, mit zunehmendem Training immer eher. Wenn Sie diese Schritte systematisch trainiert haben, dann ist es eines Tages so weit: Sie rufen Ihren Hund zu sich, ohne ihn vorher zu locken, und er kommt direkt zu Ihnen. Bei dieser Aktion sollte er aber zumindest nicht abgelenkt sein.

Das trägt zum Gelingen der Übung bei

› Üben Sie das Kommen auf Ruf für die Dauer von zirka drei Wochen ausschließlich in Haus und Garten und ohne Ablenkung.

› Suchen Sie sich ein bestimmtes, gleich bleibendes Hörzeichen aus. Am besten eignet sich »Hier«, denn das Wort verwendet man im normalen Sprachgebrauch wesentlich seltener als etwa »Komm«. Zusätzlich zum »Hier« können Sie auch eine Hundepfeife einsetzen. Wählen Sie einen immer gleich bleibenden Pfiff, also zum Beispiel einen langen oder zwei kurze.

› Verwenden Sie als Motivation, zu Ihnen zu kommen, das Futter – bei heikleren Hunden haben sich besondere Leckerbissen bewährt –, und achten Sie darauf, dass Ihr Welpe hungrig ist. Bei gänzlich futteruninteressierten Vierbeinern hilft ein Spielzeug, vorausgesetzt natürlich, es ist für den Hund auch wirklich etwas ganz besonders Tolles.

Erst wenn der Welpe direkt auf Sie zusteuert, bereits nah bei Ihnen ist und auf Sie schaut, pfeifen Sie und/oder geben das Hörzeichen »Hier«.

› Ist der Hund bei Ihnen angekommen, muss er anfangs nicht Sitz machen, denn dann würden Sie ihn nicht mehr für das rasche Kommen belohnen, sondern fürs Sitzen. Nach etwas Trainingszeit sollte er aber Sitz machen, sobald er seine Belohnung fürs Kommen erhalten hat. Erst nach vielen Wiederholungen und jenseits des Welpenalters lässt man den Hund direkt nach dem Kommen sitzen.

Üben mit älteren Hunden Haben Sie sich einen älteren Hund zugelegt, kann es draußen sinnvoll sein, das Kommen über einige Wochen hinweg an der langen Leine zu üben, damit er das Hörzeichen nicht ignorieren kann.

Der Hund muss diese Leine dann aber bei jedem Spaziergang tragen. Sie können auch über viel Hunger oder über den Spieltrieb trainieren. Ist dem Vierbeiner Futter oder Spielzeug wichtiger als andere Reize, wird er kommen.

Bei Fuß gehen

Das Hörzeichen »Bei Fuß« bedeutet für Ihren Vierbeiner, an lockerer Leine an Ihrer Seite auf gleicher Höhe zu bleiben – egal, ob Sie stehen bleiben, langsam gehen, laufen oder die Richtung ändern. Das ist wichtig, wenn Sie zum Beispiel in der Stadt unterwegs sind oder wenn etwa Jogger, Radfahrer usw. entgegenkommen.

So klappt es Entscheiden Sie zunächst, auf welcher Seite Sie den Hund bei Fuß führen möchten. Das kann rechts genauso wie links sein, Sie müssen dann aber in der Zukunft stets die einmal gewählte Seite beibehalten.

Damit der Hund an Ihrer Seite bleibt, muss er seine Aufmerksamkeit auf Sie richten. Nehmen Sie den Hund an die Seite, auf der Sie ihn führen, und halten Sie ihm ein Leckerchen vor die Nase. Führen Sie ihn zum Beispiel links, nehmen Sie es in die linke Hand. Die Leine halten Sie mit der rechten Hand – und zwar so, dass sie vor Ihnen leicht durchhängt. Sobald der Vierbeiner deutlich interessiert am Leckerchen »klebt«, gehen Sie entschlossen und relativ zügig los. Ihren linken Arm lassen Sie dabei locker und entspannt hängen, sodass Ihr Hund nicht springen muss, um Kontakt zur Hand mit dem Leckerchen halten zu können. Der Vierbeiner darf unterwegs am Häppchen knabbern und lecken. Beim Losgehen und während der Hund an Ihrer Seite mitläuft, sagen Sie das Hörzeichen »Bei Fuß« immer wieder einmal. Gehen Sie mit dem Welpen anfangs nur wenige Meter, lassen Sie ihn dann sitzen und geben Sie ihm das Leckerchen ganz. Passen Sie die Übungsdauer dem Konzentrationsvermögen und Alter Ihres Vierbeiners an.

Geht er nach einiger Trainingszeit immer aufmerksam an Ihrer Seite, dann gehen Sie dazu über, das Leckerchen nicht mehr in der Hand zu halten, sondern nur die Hand an oder in der Hosen- oder Jackentasche zu lassen. Gehen Sie nun genauso entschlossen und zügig los und motivieren Sie ihn mit der Stimme, auf Sie zu achten. Wenn er sich ein paar Meter anhaltend auf Sie konzentriert hat, bekommt er einen Happen. Allmählich vergrößern Sie dann die »leckerchenfreie« Strecke.

Das ist wichtig Später im Alltag muss der Hund nicht ständig Blickkontakt mit Ihnen halten, wenn er bei Fuß läuft. Bis diese Übung aber wirklich sitzt, sollten Sie jedoch Wert darauf legen, dass der Hund zu Ihnen schaut. Denn nur wenn der Vierbeiner sich bewusst auf Sie konzentriert, bekommt er mit, was Sie von ihm möchten.

Laufen Sie beim Üben nicht immer geradeaus, sondern drehen Sie Kurven oder gehen Sie auch mal über ein Hindernis, zum Beispiel über einen kleinen Baumstamm, oder führen Sie den Welpen über ein oder zwei Stufen. Bei älteren Hunden können es natürlich auch mehr Stufen sein.

Lenkt den Hund während des Trainings etwas ab, motivieren Sie ihn sofort mit spannender Stimme dazu, wieder auf Sie zu achten. Möchte er während der Übung stehen bleiben, um etwa am Boden zu schnüffeln oder Ähnliches, ignorieren Sie das und gehen Sie entschlossen weiter.

Zieht es Ihren Hund jenseits des Welpenalters mit der Nase dauernd auf den Boden? Oder neigt er gar dazu, zu weit vor Ihnen zu gehen? In diesen Fällen gehen Sie zum Beispiel kleine Kreise – und zwar so, dass der Hund innen gehen muss. Dadurch drängen Sie ihn zurück bzw. stören ihn beim Schnüffeln. Genau in dem Moment, in dem er wieder auf Sie achtet, loben Sie ihn! Auch eine abrupte Richtungsänderung hilft, wenn Ihr Vierbeiner zum Beispiel zu weit nach vorn geht und »vergisst«, dass Sie auch noch da sind.

BEI-FUSS-GEHEN FESTIGEN
Eine gute Übung für das Bei-Fuß-Gehen ist ein Slalom in einem lichten Wald. Kurven Sie mit Ihrem Hund um die Bäume herum, bei Bedarf mit Leckerchen, später ohne. Der Hund muss bewusst dicht an Ihrer Seite bleiben, weil er sonst »einfädelt«. Falls das passiert, bleiben Sie einfach stehen – Ihr Vierbeiner wird sich wahrscheinlich selbst korrigieren. Falls nicht, locken Sie ihn zu sich – aber so, dass er wieder zurückmuss, um an Ihrer Seite zu sein.

BEI-FUSS-GEHEN ÜBEN Bei Fuß läuft der Vierbeiner an lockerer Leine und dicht an Ihrer Seite. Egal, ob Sie gehen, laufen, stehen bleiben oder die Richtung ändern. Kopf oder Schulter des Hundes sollten auf Höhe Ihres Beines sein, damit der Hund auch mitbekommt, wie und wohin Sie gehen. Wichtig ist, dass er mit dem entsprechenden Hörzeichen eine bestimmte Seite verbindet, also links oder rechts – nicht mal so, mal so.

BEI FUSS FÜR FORTGESCHRITTENE Beim Bei-Fuß-Gehen über Hindernisse bleibt der Hund auf Ihrer Höhe, anfangs mit Häppchen. Die Leine kann auch noch lockerer durchhängen als auf dem Foto.

Übung Sitzen

Sitzen ist eine sehr wichtige Übung, erfreulicherweise aber auch eine, die der Hund leicht erlernt. Dass der Vierbeiner ruhig neben Ihnen sitzen bleibt, ist in vielen Situationen nützlich, etwa wenn Sie am Straßenrand warten müssen.

So klappt es Halten Sie dem Hund ein Leckerchen über den Kopf. Lassen Sie die Hand dort. Springt er danach, schließen Sie Ihre Hand, damit er den Happen nicht erwischt, lassen aber die Hand über dem Kopf. Ihr Vierbeiner wird wahrscheinlich zunächst Verschiedenes ausprobieren, um an das Häppchen zu gelangen. Ignorieren Sie das. Früher oder später setzt er sich von selbst. Erst jetzt sagen Sie »Sitz« und geben ihm seine Belohnung. Nach wenigen Tagen hat er das Sitzen mit der Belohnung verknüpft und setzt sich allein auf Ihr Hörzeichen hin. Nun gehen Sie dazu über, ihn an Ihrer Seite und zunehmend länger sitzen zu lassen. Holen Sie ihn dazu mit »Bei Fuß« und anfangs einem Häppchen an Ihre Seite und geben Sie dort das Hörzeichen »Sitz«. Ganz ruhiges Kraulen an der Brust unterstützt das Sitzen und vermittelt Ruhe (→ Foto 1, Seite 11). Nun bekommt er seine Belohnung aber nicht mehr sofort, sondern erst, wenn er eine Zeit lang sitzen geblieben ist, also am Ende der Übung. Mit zunehmendem Können geben Sie Ihrem Hund nur noch ab und zu einen Happen.

Das ist wichtig Achten Sie darauf, dass Sie Ihren Hund wirklich nur dann belohnen, wenn er richtig sitzt – das heißt, wenn alle vier Beine auf dem Boden sind. Springt der Hund aus dem Sitzen hoch oder hebt er eine Pfote, wenn Sie ihm das Häppchen geben möchten, schließen Sie die Hand sofort wieder. Sie werden sehen, wie rasch der Vierbeiner versteht, wann er sein Leckerchen bekommt.
Sitzen ist eine ruhige Übung. Das muss sich auch in Ihrer Körpersprache ausdrücken. Achten Sie deshalb darauf, dass Sie die Hand mit dem Leckerchen ruhig halten und dass Sie den Vierbeiner beim Loben ruhig streicheln. Ihre Stimme sollte ebenfalls Ruhe ausstrahlen.

1 Halten Sie bei der Übung »Sitz« dem Vierbeiner mit ruhiger Hand das Leckerchen über den Kopf. Irgendwann wird es dem Hund zu anstrengend ...

2 ... Jetzt ist es so weit – er setzt sich, um bequemer hochschauen zu können. Nun erst sagen Sie »Sitz« und geben dem Vierbeiner seine Belohnung.

Ins Platz legen

Auch das Platz ist eine sehr wichtige Übung. Damit können Sie den Hund neben sich ablegen, wenn zum Beispiel Freunde Ihrer Kinder zu Besuch sind, die Angst vor Hunden haben. Beginnen Sie mit dieser Übung, sobald Ihr Hund das Sitzen beherrscht.

So klappt es Lassen Sie den Hund an Ihrer Seite sitzen. Halten Sie ihm nun ein leckeres Häppchen direkt vor die Nase. »Klebt« er daran, führen Sie es langsam in einer geraden Linie vor dem Hund nach unten. Ihr Vierbeiner wird dem Häppchen mit seiner Schnauze nach unten folgen. Am Boden angekommen, führen Sie den Leckerbissen langsam nach vorn. Der Hund legt sich dadurch ins Platz. Sie können den Happen aber auch etwas seitlich am Hund nach hinten Richtung Boden führen. Dann muss sich der Vierbeiner etwas »verbiegen« und sinkt dadurch schon automatisch ins Platz. In dem Moment, in dem der Hund liegt, nennen Sie das Hörzeichen »Platz«, und er bekommt seinen Happen. Während er kaut, wiederholen Sie einige Male »Platz« und streichen ihm betont langsam mit der anderen Hand über den ganzen Rücken – das unterstützt das Liegen im Platz und vermittelt Ruhe (→ Foto 5, Seite 11).

Der Hund bleibt anfangs meist so lange liegen, wie er etwas zum Kauen hat. Beobachten Sie ihn gut und lösen Sie das Platz rechtzeitig durch ein »Sitz« wieder auf, das heißt also, noch bevor der Vierbeiner von selbst aufsteht.

Wie auch beim Sitz werden Sie nach einigem Üben feststellen, dass sich der Hund allein schon bei der entsprechenden Handbewegung samt Leckerchen hinlegt. Wenn Sie nun gleichzeitig mit dieser nach unten gerichteten Handbewegung das Hörzeichen »Platz« sagen, wird der Hund beides verknüpfen und sich auch nur auf die Handbewegung hin ins Platz legen. Nach einiger Trainingszeit gibt es auch bei dieser Übung nicht mehr sofort ein Leckerchen, sondern erst, wenn der Vierbeiner eine Zeit lang ruhig neben Ihnen liegen geblieben ist. Geben Sie ihm das Häppchen aber stets, bevor Sie ihn wieder sitzen lassen. Auch bei der Übung Platz bekommt der Hund, sobald er sie verstanden hat, nicht mehr jedes Mal ein Leckerchen.

Das ist wichtig Achten Sie stets darauf, dass Sie nur die korrekte Platzposition belohnen. Hinterteil und Ellenbogen müssen auf dem Boden sein. Andernfalls bleibt die Hand einfach zu. Das Aufsitzen am Ende belohnen Sie nur dann gelegentlich, wenn der Hund – wie es häufig der Fall ist – nicht dazu tendiert, rasch wieder aus dem Platz aufzustehen. Es reicht auch eine motivierende Stimme oder eine aktivierende Bewegung von Ihnen (etwa ein kleiner Hopser oder Ähnliches). Neigt der Hund während des Liegens dazu, zu sehr in der Hand nach dem Leckerchen zu bohren, dann warten Sie so lange, bis er einen Moment damit aufhört. Erst dann geben Sie ihm die Belohnung.

1 Für »Platz« halten Sie dem Hund das Leckerchen direkt vor die Nase. Erst wenn er interessiert ist, führen Sie es dicht am Hund gerade nach unten.

2 Nur wenn Hinterteil und Ellenbogen wirklich am Boden sind, bekommt der Hund seine Belohnung. Und erst jetzt nennen Sie das Hörzeichen »Platz«.

Weitere wichtige Grundübungen

Bleib-Übungen

Im Alltag ist es wichtig, dass der Vierbeiner lernt, allein an einer ihm zugewiesenen Stelle sitzen oder liegen zu bleiben – zumindest wenn Sie in Sichtweite sind, besser noch, wenn er Sie für kurze Zeit gar nicht sehen kann. Beherrscht Ihr Vierbeiner die Übung, dann können Sie ihn nach einem Spaziergang, von dem er schmutzig nach Hause kommt, kurz vor der Türe sitzen lassen oder ablegen, um ein Handtuch zu holen. Oder wenn Sie in einem Café sind und sich schnell die Hände waschen möchten, können Sie den Hund währenddessen an Ihrem Platz liegen lassen.

So klappt es Lassen Sie den Hund an Ihrer Seite »Sitz« oder »Platz« machen. Verhält er sich aufmerksam, aber entspannt, sagen Sie »Bleib« und stellen sich ihm zugewandt dicht vor ihn hin, anfangs nur ganz kurz. Die Leine halten Sie dabei in der Hand. Nun gehen Sie wieder an seine Seite und loben ihn. Hat das geklappt, wiederholen Sie diese Übung, bleiben aber etwas länger dicht vor dem Hund stehen. Klappt auch das, vergrößern Sie nun Ihre Entfernung zum Hund auf etwa einen guten halben Meter. Dann dehnen Sie wieder allmählich die Zeit aus. Können Sie zirka zwei Minuten oder länger bei maximaler Leinenlänge (Leine liegt jetzt am Boden aus) entfernt bleiben, gehen Sie nun langsam und parallel zum Hund vor ihm hin und her. Zunächst nicht zu lange, allmählich aber steigern Sie die Dauer. Dann können Sie erneut Ihre Entfernung ausdehnen. Mit der Zeit gehen Sie nicht nur parallel hin und her, sondern in einem Halbkreis. Bleibt der Hund ruhig, gehen Sie eines Tages in einem Kreis um ihn herum.

Variation: Sie gehen außer Sicht Klappt bis hierher alles, dann verstecken Sie sich für kurze Zeit, sodass Sie der Hund nicht mehr sehen kann. Das üben Sie jedoch nur, wenn der Hund im Platz liegt. Wählen Sie die Entfernung zu ihm zunächst nicht zu groß und verschwinden Sie nur kurz, etwa hinter einem Gebüsch. Sowohl Dauer als auch Entfernung können Sie nach Belieben ausdehnen.

Das trägt zum Gelingen der Übung bei

› Beginnen Sie mit diesen Übungen erst, wenn Ihr Vierbeiner etwa zwei Minuten ruhig neben Ihnen sitzen bzw. liegen bleiben kann. Auch sollte er etwas ausgepowert sein.

› »Bleib« ist wie »Sitz« und »Platz« eine ruhige Übung. Sie geben also das Hörzeichen unaufgeregt und bewegen sich ohne Hektik.

› Behalten Sie die Leine anfangs in der Hand. Sie muss aber immer locker durchhängen. Für den Fall, dass Ihr Hund aufsteht, haben Sie ihn damit rasch unter Kontrolle. Bringen Sie ihn dann genau wieder an die Stelle zurück, an der er lag.

› Steht Ihr Hund auf, waren Sie vermutlich zu weit oder zu lange von ihm entfernt. Bauen Sie dann die Übung neu auf und gehen Sie langsamer vor. Das heißt, Sie steigern die Dauer und Entfernung nur in ganz kurzen Schritten.

› Trainieren Sie das »Bleib« im Platz, muss der Hund so lange liegen bleiben, bis Sie wieder an seiner Seite stehen und ihn aufsitzen lassen. Letzteres kann mal früher, mal später sein.

› Aus dem Ablegen sollten Sie den Hund grundsätzlich abholen und nie zu sich rufen. So bleibt er später auch unter Ablenkung so lange entspannt und zuverlässig liegen, bis Sie zurückkommen.

»BLEIB« ÜBEN 1 Beim »Bleib« lernt der Hund im Sitz und im Platz, dass Sie nicht neben ihm, sondern vor ihm sind. Zuerst entfernen Sie sich nur eine geringe Strecke und für kurze Zeit, allmählich immer länger und mit größerer Distanz. Das Hörzeichen sagen Sie nur beim Weggehen. Die Leine muss immer locker durchhängen, damit der Hund keinen Zug nach vorne verspürt. Bleiben Sie ruhig, aber konzentriert. Beenden Sie die Übung, solange Ihr Hund noch völlig entspannt ist.

»BLEIB« ÜBEN 2 Können Sie schon weiter weggehen, legen Sie die Leine auf den Boden. Sollte der Hund aufstehen, haben Sie eine »Notbremse«. Jetzt beginnen Sie, vor dem Vierbeiner hin- und herzugehen – sowohl vor dem Hund im Platz als auch im Sitz. Dehnen Sie Dauer und Entfernung (auch die »Gehstrecke«) langsam aus. Bewegen Sie sich ohne Hektik und beenden Sie die Übung, solange der Hund ruhig bleibt.

»BLEIB« IM ALLTAG Mit sorgfältigem Training lässt sich dieses Ziel zuverlässig erreichen. In Ruhe sucht Frauchen zum Beispiel Blumen aus, während der Hund in Sichtweite abgelegt wartet. Legen Sie den Hund aber nur abseits befahrener Straßen unangeleint ab.

Aus dem »Bleib im Sitz« können Sie ihn gelegentlich zu sich rufen, aber erst nach einigen Wochen, wenn die Übung zuverlässig funktioniert. Wie allgemein beim Rufen sollte er sich dann direkt vor Sie setzen. Anschließend führen Sie ihn mit »Bei Fuß« wieder an Ihre Seite.

› Als Lob für das Bleiben reichen Streicheln und Ihre Stimme. Loben Sie den Hund aber erst, wenn Sie wieder bei ihm sind. Entfernen Sie sich nämlich mit einem Leckerchen in der Hand oder suchen Sie auf dem Rückweg in der Tasche danach, fällt ihm das Bleiben sicher schwer.

Auch wenn der Hund nicht bei Fuß laufen muss, sollte er an lockerer Leine gehen. Tut er das, sagen Sie »Langsam« und loben ihn mit ruhiger Stimme.

An der lockeren Leine gehen

Wenn Sie mit Ihrem angeleinten Hund draußen unterwegs sind, muss er nicht immer korrekt bei Fuß gehen. Allerdings darf er keinesfalls an der Leine ziehen. Gut ausgebildete Vierbeiner bleiben zwar oft von selbst bei Fuß, wenn sie an der Leine gehen. Jüngere oder noch nicht so weit ausgebildete Hunde neigen jedoch meist zum Ziehen. Sie müssen erst lernen, an der lockeren Leine zu gehen.

So klappt es Ein Welpe kann noch keine größeren Entfernungen bei Fuß laufen. Damit er sich aber das Ziehen gar nicht erst angewöhnt, sollten Sie ihm möglichst keine Gelegenheit dazu geben. Vermeiden Sie daher längere Strecken an der Leine. Tragen Sie den Welpen besser oder fahren Sie mit dem Auto etwa bis zum Freilaufgelände oder zum Einkaufen. Läuft der Hund von sich aus an der lockeren Leine, dann nutzen Sie das stets, um damit ein Hörzeichen zu kombinieren – zum Beispiel »Langsam« –, und loben Sie ihn mit der Stimme. Zieht er, bleiben Sie kommentarlos stehen und warten, bis der Vierbeiner irgendetwas tut, wodurch die Leine wieder locker hängt. Nun gehen Sie weiter. Sobald sich die Leine wieder spannt, bleiben Sie erneut stehen. So lernt der Hund, dass er durch Ziehen nicht weiterkommt.

Eine andere Möglichkeit für ältere Junghunde und erwachsene Hunde ist, zügig und kommentarlos die Richtung zu wechseln, sobald der Vierbeiner beginnt, zu weit nach vorn zu gehen. Ändern Sie die Richtung aber noch, bevor die Leine gespannt ist. So bekommt der Hund einen leichten Impuls an der Leine und wird daran erinnert, dass Sie auch noch da sind und er sich mehr an Ihnen orientieren sollte. Passen Sie die Einwirkung mit der Leine aber Ihrem Hund an. Sie dürfen ihn auf keinen Fall an der Leine massiv »herumreißen«.

Das ist wichtig Das beste Mittel gegen das Zerren ist, wenn Sie von Anfang an vermeiden, dass Ihr Vierbeiner Erfolg damit hat. Das bedeutet, dass Sie sich vom Hund auch nicht »nur mal ganz kurz« zu einem Artgenossen, einer Duftmarke oder was auch immer zerren lassen! Sie sollten das sehr genau nehmen und ganz bewusst darauf achten.

Den Hund auf sich aufmerksam machen

Ist Ihr Vierbeiner gerade abgelenkt, Sie möchten aber zum Beispiel, dass er sich ins Platz legt, dann wird er Ihr Hörzeichen dafür vermutlich nicht wirklich wahrnehmen. Vor allem dann nicht, wenn er noch nicht weit genug ausgebildet ist. Deshalb ist ein Signal, mit dem Sie den Hund auf sich konzentrieren, sinnvoll. Denn nur, wenn er auf Sie achtet, registriert er, was Sie von ihm möchten.

So klappt es Machen Sie den Vierbeiner mit einer für ihn sehr interessant klingenden Stimmlage auf sich aufmerksam. Halten Sie dabei ein Leckerchen so, dass es auf einer Linie zwischen Hundekopf und Ihrem Gesicht liegt. Schaut der Hund auf das Leckerchen, hat er automatisch auch Ihr Gesicht im Blick. Anfangs bekommt er das Häppchen schon, wenn er nur wenige Sekunden Blickkontakt gehalten hat. Mit der Zeit dehnen Sie die Dauer des Blickkontakts aus. Dann gibt es die Belohnung erst, wenn der Hund länger und anhaltend auf Sie schaut. Klappt das ohne Ablenkung zuverlässig, üben Sie zunächst mit wenig, allmählich mit immer mehr Ablenkung.

Haben Sie den Hund gestoppt, sollten Sie ihn abholen. Zumindest so lange, bis die Übung wirklich klappt. So lernt er, zuverlässig dortzubleiben.

Das ist wichtig Gestalten Sie die Übung so, dass Ihr Vierbeiner belohnt wird, solange er ohne Unterbrechung zu Ihnen schaut. Dehnen Sie die Zeit also nicht zu lange aus. Achten Sie auf den Klang Ihrer Stimme. Ein bewusst spannendes »Schau mal« wirkt wesentlich effektiver, als etwa mehrere Male »sachlich« den Namen des Hundes zu sagen.

Sitz auf Entfernung

Diese Übung ist sehr nützlich, wenn Sie Ihren Hund rasch stoppen müssen, etwa weil sich ein Radfahrer nähert und der Vierbeiner beim Heranrufen dessen Weg kreuzen würde. Sie können mit dieser Übung beginnen, wenn der Hund jenseits des Welpenalters ist und er das Sitz immer prompt befolgt. Es ist wichtig, dass er bei dieser Übung nicht etwa nur stehen bleibt, sondern sitzt. Dann ist er an einer bestimmten Stelle »festgesetzt«, Sie haben ihn somit besser unter Kontrolle, und er konzentriert sich besser auf Sie.

So klappt die Übung Heben Sie jedes Mal, wenn Sie Ihrem Hund das Hörzeichen »Sitz« sagen, deutlich den Arm und pfeifen einmal lang auf der Hundepfeife. Zuerst üben Sie das Sitz auf Handzeichen und Pfiff, wenn sich der Hund in Ihrer unmittelbaren Nähe befindet. Sobald er sich allein auf Pfiff und Handzeichen setzt, also richtig verknüpft hat, bauen Sie die Übung aus. Warten Sie nun einen Moment ab, in dem Ihr Vierbeiner unabgelenkt etwa drei, vier Meter von Ihnen entfernt entspannt dahinläuft. Machen Sie ihn jetzt mit einer »dosiert« spannenden Stimme kurz auf sich aufmerksam – nur so, dass er stehen bleibt und zu Ihnen blickt. Nun sagen Sie deutlich »Sitz«, heben den Arm und gehen, wenn nötig, einen deutlichen Schritt auf ihn zu. Setzt er sich, gehen Sie rasch entspannt zu ihm, loben ihn ausgiebig und belohnen ihn mit einem Häppchen oder einem Spiel.

Klappt die Übung in dieser geringen Entfernung eine Zeit lang zuverlässig, steigern Sie die Entfernung zum Hund ganz langsam. Mit zunehmendem Können machen Sie den Hund nicht mehr vorher auf sich aufmerksam. Setzt sich Ihr Hund zuverlässig auf Entfernung, bauen Sie allmählich Ablenkungen ein. Dazu verringern Sie die Distanz zum Hund aber erst einmal wieder.

Das ist wichtig Erhöhen Sie die Anforderungen nur langsam, sonst wird diese Übung nicht zuverlässig funktionieren. Belohnen Sie den Hund stets für die richtige Ausführung, dann lernt er nicht nur, sich auf Entfernung zu setzen, sondern er wird sich gleichzeitig immer herumdrehen und Blickkontakt zu Ihnen aufnehmen.

Lernen, etwas herzugeben

Sie möchten, dass Ihr Hund Ihnen auf ein bestimmtes Hörzeichen hin etwas, das er gerade im Fang hat, gibt bzw. es zumindest fallen lässt. Das kann sein Ball sein, den er bringt, aber auch zum Beispiel ein Kinderspielzeug, das er nicht haben darf. »Aus« ist jedoch kein Verbotswort, sondern eine ganz »normale« Übung.

So klappt es Ihr Vierbeiner hat etwas im Maul, das er nicht haben sollte. Locken Sie ihn mit spannender Stimme zu sich. Bieten Sie ihm nun im Aus-

Gibt der Hund sein Spielzeug nicht her, bieten Sie ihm im Austausch ein Leckerchen an. Damit lässt er sich überreden und lernt es so.

Solange sich der Vierbeiner völlig abgelenkt mit etwas beschäftigt, wird er nicht wirklich wahrnehmen, wenn Sie mit ihm etwas üben möchten.

Machen Sie ihn deshalb mit spannender Stimme auf sich aufmerksam – ein Leckerchen hilft dabei. Achtet der Hund auf Sie, bekommt er dieses dann auch.

tausch zum Beispiel sein Spielzeug oder ein besonders leckeres Häppchen an. So lässt er das, was er im Maul hat, fallen. In diesem Moment sagen Sie »Aus«. Diesen Tauschtrick können Sie auch dann anwenden, wenn Ihr Vierbeiner zwar gern hinter seinem Ball herläuft, ihn aber nicht ganz zu Ihnen zurückbringt, sondern sich damit »vom Acker« machen möchte.

Eine andere Methode ist, jedes Mal »Aus« zu sagen, wenn der Hund von selbst etwas fallen lässt, und ihn dann zu loben. Zeigt Ihr Vierbeiner keine Tendenz, mit seiner »Beute« flüchten oder sie verteidigen zu wollen, können Sie ihm den Gegenstand auch einfach ruhig mit »Aus« aus dem Maul nehmen und ihn anschließend loben.

Das ist wichtig Laufen Sie dem Hund nie nach, wenn er etwas hergeben soll. Denn dann vermitteln Sie Ihrem Vierbeiner das Gefühl, er müsste seine Beute besonders schnell in Sicherheit bringen, da Sie sie ihm ja offenbar streitig machen. Erwischen würden Sie ihn so und so nicht.

An- und Ableinen

Ihr Vierbeiner sollte zum An- und Ableinen sitzen.

So klappt es Sobald Ihr Hund »Sitz« kann, lassen Sie ihn vor jedem An- und Ableinen nahe bei sich sitzen. Haben Sie die Leine abgenommen, bleibt er noch so lange und ruhig sitzen, bis Sie diese Übung mit dem Hörzeichen »Fertig« oder »Lauf« (→ Seite 19) auflösen. Ideal ist es, wenn er noch kurz Blickkontakt zu Ihnen aufnimmt, bevor Sie das Auflösungshörzeichen sagen. So wird er mit dem Freilauf dafür belohnt, dass er sich ruhig verhält und seine Aufmerksamkeit auf Sie richtet.

Leinen Sie ihn jedoch ab, während er aufgeregt an der Leine zerrt, weil beispielsweise ein Spielkamerad auftaucht, wissen Sie jetzt sicher schon, was Sie in diesem Fall belohnen …

Das ist wichtig Solange der Vierbeiner nach dem Ableinen nicht zuverlässig sitzen bleibt, halten Sie ihn noch »unauffällig« am Halsband fest, das heißt so, dass er es kaum merkt. Will er starten, können Sie ihn so auf einfache Weise bremsen.

DER HUND IM ALLTAG

So mancher Mensch hat Angst vor Hunden, weil er schon einmal schlechte Erfahrungen gemacht hat. Polieren Sie das Ansehen mit Ihrem alltagstauglichen Vierbeiner auf. Es ist ganz einfach.

Rücksicht im Umgang mit anderen

Sie haben sich intensiv mit der Erziehung Ihres Hundes beschäftigt. Vielleicht haben Sie sogar einen Kurs in einer Hundeschule oder in einem Hundeverein absolviert. Doch denken Sie daran: Das Gelernte muss weiter eingeübt werden, und zwar hauptsächlich in Ihrem Alltag. Denn dafür brauchen Sie die Übungen aus Kapitel 2 in allererster Linie, nicht für den Hundeplatz. Mit dem Üben sind Sie daher eigentlich nie »fertig«, denn damit alles stets zuverlässig funktioniert, müssen Sie den Ausbildungsstand durch kontinuierliches Training auf einem gewissen Level halten. Vor allem sollten Sie darauf achten, dass sich bei den einzelnen Übungen nicht allmählich Ungenauigkeiten einschleichen. Sie brauchen dafür aber keine zusätzliche Zeit aufzuwenden, denn Sie können üben, wo es sich ergibt. Dafür eignet sich ein Stadtbummel ebenso wie die täglichen Spaziergänge oder der Gang zum Bäcker. Treffen Sie auf gleich gesinnte Hundehalter, dann nutzen Sie das doch für eine kleine Trainingseinheit miteinander.

Mit »Hundeknigge« geht es besser

Die Erfahrung zeigt, dass nicht jeder Hunde mag. Und das sollte man als Hundehalter auch akzeptieren. Jagt Ihr Vierbeiner Jogger oder Radfahrer, springt er Menschen an, verrichtet er sein Geschäft in Vorgärten oder heult er, was das Zeug hält, wenn er alleine ist, trägt das nicht gerade zur Imageverbesserung von Hundehaltern bei. Viele solcher Situationen können außerdem auch für den Hund gefährlich werden. Allerdings können nicht nur zwischen Hundehaltern und Nichthundehaltern Konflikte auftreten, sondern auch zwischen Hundehaltern. Durch etwas mehr Rücksicht von allen Seiten lassen sich viele Streitpunkte aus der Welt schaffen.

Übungen für den Alltag

Anspringen ist tabu

Hunde lecken zur Begrüßung oder Beschwichtigung die Schnauze von Ranghöheren. Dies ist der Grund, weshalb viele, hauptsächlich Welpen und Junghunde, versuchen, an unser Gesicht zu gelangen. Manche Vierbeiner springen aber auch einfach nur, um die Aufmerksamkeit auf sich zu ziehen. Und leider bekommen sie sie ja auch ...

Es gibt drei Strategien, mit denen sich dieses Verhalten abstellen lässt.

Aufmerksamkeit entziehen Hat Ihr Vierbeiner mit seinem Verhalten dauerhaft keinen Erfolg, wird er das Springen früher oder später sein lassen. »Erfolg« ist für den Hund jede Art von Aufmerksamkeit, also auch ein »Nein«. Setzt er zum Sprung an, drehen Sie sich jedes Mal und ohne etwas zu sagen um 180 Grad von ihm weg. Egal, was er nun versucht und wie lange es dauert. Wenden Sie sich Ihrem Hund – bewusst ruhig – erst wieder zu, wenn er sich einige Momente ruhig verhält und das Springen eingestellt hat.

Keine Gelegenheit bieten Erfolge durch Anspringen verhindern Sie auch, indem Sie alle Familienmitglieder und Besucher instruieren, sich ebenfalls konsequent abzuwenden, sobald der Hund einen anspringt. Anspringerfolge bei Begegnungen mit Fremdpersonen unterwegs vermeiden Sie, indem Sie den Hund rechtzeitig anleinen.

Alternativverhalten fordern Hat Ihr Hund schon ein gewisses Ausbildungsniveau erreicht und ist nicht zu »überdreht«, dann können Sie, bevor er zum Sprung ansetzt, ein Alternativverhalten fordern, wie zum Beispiel »Sitz«. Sitzt Ihr Hund, loben Sie ihn – wieder bewusst – ruhig.

Springt der Hund, drehen Sie sich kommentarlos – ohne jegliche Aktion in Richtung Hund – um 180 Grad weg. So hat sein Verhalten keinen Erfolg.

Erfolgserlebnisse **vermeiden**

KEIN ERFOLG Um Verhaltensweisen wie Anspringen oder Betteln dauerhaft abzustellen, ist wie bei allen Dingen, die durch Ignorieren beeinflusst werden sollen, ganz wichtig, dass der Hund keinerlei unerwünschte Erfolgserlebnisse mehr hat. Auch kein noch so kleines. Denn spätestens, wenn der anspringende Hund schmutzig bzw. recht groß ist oder die Hundeschnauze auf dem Kuchenteller landet, findet das kaum noch jemand lustig oder nett.

NICHT BEACHTEN Ein »Erfolg« für den Vierbeiner kann schon ein Blickkontakt oder eine Bewegung in seine Richtung sein. Bleiben Sie hart und versuchen Sie Ihr Verhalten der Familie und dem Freundes- oder Verwandtenkreis zu erklären.

Betteln unterbinden

Betteln ist meist ein hausgemachtes Problem. Nicht wenige Hundehalter denken, ihr Vierbeiner würde das Betteln lassen, sobald er einen Happen bekommen hat. Aber dies ist ein Trugschluss, denn welcher Hund wird schon einen Happen vom Tisch verschmähen, egal, wie satt er ist. Der Vierbeiner lernt stattdessen, dass er zum Ziel kommt, wenn er nur penetrant genug ist. Er wird also immer wieder und verstärkt versuchen, etwas zu erbetteln. Aber dagegen gibt es einige Strategien.

Nicht beachten Sitzt der Hund mit eindeutigem Bettelblick neben Ihrem Tisch, während Sie essen, dann ignorieren Sie ihn völlig. Das bedeutet, dass Sie nichts sagen, nicht zum Hund hinschauen und keine Bewegung in seine Richtung machen. Nach einiger Zeit wird er merken, dass auch seine noch so große Leidensmiene Sie – hoffentlich! – nicht weichkochen kann, und er wird sich hinlegen oder sich zurückziehen. Gehen Sie bei jedem Bettelversuch so vor. Nur dann haben Sie dauerhaft Erfolg.

Anbinden Benimmt sich Ihr Vierbeiner sehr daneben, das heißt, steht er mit den Vorderbeinen auf dem Tisch, bellt andauernd oder beeinträchtigt Sie so, dass Sie nicht in Ruhe essen können? In diesen Fällen können Sie es ebenfalls mit Ignorieren versuchen, oder Sie binden Ihr renitentes Familienmitglied kommentarlos in Ihrer Nähe fest, zum Beispiel am Heizkörper, oder bringen ihn in seine Box in Ihrer Nähe. Beachten Sie den Hund dann nicht mehr. Zuwendung erhält er nach dem Essen und wenn er sich ruhig verhält. Sperren Sie ihn aber nicht in ein anderes Zimmer. Er muss lernen, sich in dieser Situation zu benehmen.

Ablegen Gehorcht Ihr Hund zuverlässig, dann legen Sie ihn jedes Mal, während Sie essen, einige Meter vom Tisch entfernt mit »Platz und Bleib« ab. Vergessen Sie jedoch nicht, diese Übung nach dem Essen wieder aufzulösen!

Nicht füttern lassen Möchten Sie nicht, dass Ihr Hund jedem Entgegenkommenden an der Jackentasche hängt, dann lassen Sie ihn von Anfang an nicht von Fremden füttern. Auch nicht nur »ein ganz kleines Leckerchen«!

Versucht Ihr Vierbeiner zu betteln, behandeln Sie ihn wie Luft. Mit der Zeit merkt er, dass sich sein Verhalten nicht lohnt, und er wird es lassen.

So wird der Hund kein Jäger

In jedem Hund schlummert ein Jäger. Jagd- und Beuteinstinkt sind aber nicht bei allen Vierbeinern gleichermaßen ausgeprägt. Vor allem Jagdgebrauchshunderassen wie Vorstehhunde, zum Beispiel Weimaraner, Setter, oder Lauf- und Schweißhunde, etwa Bracken oder Beagle, und auch Hütehunde wie Deutsche Schäferhunde oder Border Collies haben häufig eine ordentliche Portion davon, aber eben nicht nur sie. Am besten ist es, Sie beugen dem Problem Jagen von Anfang an vor, anstatt es hinterher korrigieren zu müssen. Das ist nämlich nicht einfach, denn Jagen ist ein sogenanntes selbstbelohnendes Verhalten. Das heißt, der Hund braucht keine Beute zu machen, um im Jagen bestärkt zu werden. Das Verfolgen einer Fährte oder eines sich rasch bewegenden Objekts an sich ist für ihn ein solches Highlight, dass er es immer wieder tun wird, wenn er mal erlebt hat, wie toll das ist. Vermeiden Sie bei Ihrem Hund also jeglichen Erfolg dieser Art. Jagdobjekte sind nicht nur Tiere wie Vögel, Katzen, Hasen usw. Auch Jogger, Radfahrer, Reiter und Autos lassen sich gut verfolgen. Wählen Sie aus den folgenden Vorbeugungsmaßnahmen die aus, die für Sie und Ihren Hund individuell am besten geeignet sind. Solange er nicht zuverlässig gehorcht, lassen Sie ihn in wildreichen Gebieten am besten an der Leine.

Genügend beschäftigen Je mehr überschüssige Energie ein Hund hat, umso leichter wird er auf Reize reagieren, bei denen er seine Power loswerden kann. Deshalb sollten Sie stets darauf achten, dass Sie Ihren Vierbeiner ausreichend fordern. Dazu gehört Kopfarbeit genauso wie ausreichend Bewegung (→ Seite 17).

Ablenken Sehen Sie mögliche »Beute«, wie etwa Krähen auf dem Feld, dann können Sie Ihren Hund zum Beispiel mit seinem Lieblingsspielzeug ablenken. Sie fordern ihn zu einem Ziehspiel auf oder werfen es, falls Ihr Hund es gerne wieder zurückbringt, in die den Vögeln entgegengesetzte Richtung. Machen Sie sich für Ihren Hund so interessant

So ist's brav! Der Hund achtet ganz auf sein Frauchen, die Joggerin kann unbehelligt laufen. Ist sie weit genug entfernt, gibt es eine Belohnung.

wie möglich, damit er lieber bei Ihnen bleibt, als den Vögeln hinterherzujagen.

Alternativverhalten einüben Sinn dieser Übung ist es, dem Vierbeiner zu vermitteln: »Es bewegt sich etwas, also komme ich zu meinem Menschen.« Anstatt: »Da bewegt sich etwas, nichts wie hinterher.« Nähert sich zum Beispiel ein Jogger, lassen Sie Ihren Hund bei sich sitzen. Fordern Sie ihn nun auf, Blickkontakt mit Ihnen zu halten, und zwar so lange, bis der Jogger weit genug weg ist. Dann bekommt der Hund sein Häppchen. Kann er sich nicht so lange am Stück konzentrieren, geben Sie ihm mehrmals ein Leckerchen.

Den Gehorsam festigen Das A und O, um den Hund in reizintensiven Situationen unter Kontrolle zu haben, ist ein zuverlässiger Gehorsam. Vor allem das Kommen auf Ruf oder Pfiff (→ Seite 36) muss sitzen. Sehr nützlich ist auch, wenn der Vierbeiner das Sitzen auf Entfernung (→ Seite 45) beherrscht, denn häufig lässt er sich leichter stoppen als zum Umkehren bewegen. Nutzen Sie für das Training die Anwesenheit möglicher »Beute«. Das heißt, suchen Sie sich einen Trimmpfad mit Joggern oder einen Teich mit Enten, einen Bauernhof mit Hühnern usw. – je nachdem, was Ihren Vierbeiner besonders reizt (fragen Sie aber zuvor um Erlaubnis, ob Sie hier üben dürfen). Trainieren Sie dort angeleint die verschiedenen Gehorsamsübungen. Halten Sie jedoch genügend großen Abstand zur »Beute«, sodass sich der Hund gut auf Sie konzentrieren kann. Mit der Zeit verringern Sie die Distanz zur Beute. Apportiert Ihr Hund gern ein Spielzeug, dann lassen Sie ihn zum Beispiel nicht gleich loslaufen, wenn Sie etwas geworfen haben, sondern er muss so lange sitzen bleiben, bis Sie ihn schicken. Oder gehen Sie erst ein wenig bei Fuß auf und ab, bevor er den Ball holen darf.

Der Hund in der Öffentlichkeit

TIPPS VON DER HUNDE-EXPERTIN **Katharina Schlegl-Kofler**

IMMER ANGELEINT Lassen Sie Ihren Vierbeiner an Orten, an denen viele Menschen sind, an der Leine. Also zum Beispiel in der Fußgängerzone, im Restaurant usw. Auch an Straßen sollten Sie ihn stets angeleint lassen – sei er noch so gut ausgebildet. Ein Hund ist keine Maschine, und wenn ihn rasch mal ein Geruch ablenkt oder eine Katze über die Straße huscht, dann könnte er leicht unter die Räder kommen. Autos sind im Instinkt des Vierbeiners nicht als Gefahr verankert, deshalb können Hunde nicht auf sie achten.

RICHTIG AUTO FAHREN Fährt der Hund im Auto mit, dann trainieren Sie von Anfang an, dass er nur auf Kommando ein- und vor allem aussteigt, auch wenn die Tür oder Heckklappe offen ist. Bestehen Sie darauf – zu seiner eigenen Sicherheit. Legt er einen »Fehlstart« hin, bringen Sie ihn sofort wieder in die Ausgangsposition.

RÜCKSICHT NEHMEN Behandeln Sie hundelose Mitmenschen mit Rücksicht. »Der tut nichts« oder »Der will nur spielen« nützt nichts, wenn jemand Angst oder keine Lust auf Hundekontakt hat. Rufen Sie Ihren Hund rechtzeitig zurück.

Unsicherheiten abbauen

Nicht jeder Vierbeiner ist im Umgang mit alltäglichen Dingen gleich belastbar. Manche haben von Natur aus ein dünneres Nervenkostüm, andere sind aufgrund fehlender oder schlechter Erfahrungen verunsichert. So kann ein Hund geräuschempfindlich sein, auf optisch auffällige Dinge unsicher reagieren oder Menschen gegenüber ängstlich sein. Probleme dieser Art können sowohl bei Welpen als auch bei älteren Hunden vorkommen. Ist die Unsicherheit nicht zu stark ausgeprägt und besteht sie noch nicht sehr lange, können Sie das Verhalten des Hundes durch langsame Gewöhnung an die belastende Situation ändern.

Angst nicht belohnen Erschrickt der Hund vor einem Geräusch oder beispielsweise vor einer flatternden Folie, reagieren die meisten Hundehalter automatisch so, dass sie das »arme« Tier beruhigend streicheln oder bedauern, um es zu trösten. Aber Vorsicht: Dieses Verhalten würde Ihr Vierbeiner als Lob auffassen – mit dem Erfolg, dass er in seiner Angst bestärkt wird.

Unsicherheit gegenüber Menschen Ist Ihr Vierbeiner nicht an fremden Menschen interessiert oder weicht er ihnen gar aus, sollten Sie dafür sorgen, dass ihm kein Kontakt aufgezwungen wird. Vor allem von oben am Kopf gestreichelt zu werden, mögen viele Hunde nicht. Besucher sollten einen solchen Vierbeiner ignorieren. Möchte der Hund dann später von sich aus Kontakt aufnehmen, kann der Besucher ohne Hektik und nicht zu überschwänglich darauf eingehen.

Besonders bei Junghunden kann es vorkommen, dass sie einzeln auftauchenden oder ungewöhnlich aussehenden Menschen gegenüber vorübergehend misstrauisch reagieren. Kommt zum Beispiel jemand mit einer Kapuze des Weges und wufft der Hund mit gesträubten Haaren in dessen Richtung, lenken Sie ihn ab und vermitteln ihm so, dass er sich gar nicht aufzuregen braucht. Oder Sie unterhalten sich, wenn möglich, locker mit der »ungewohnten Erscheinung«, ohne den Hund zu beachten. Auch so merkt der Vierbeiner, dass hier nichts gefährlich sein kann.

»Verdächtige« Objekte Sind Ihrem Vierbeiner gewisse optische Dinge unheimlich, wie etwa eine auffällig gefärbte Tonne oder ein Heuballen auf einer Wiese, dann ermuntern Sie ihn entspannt, das Objekt mit Ihnen zu erkunden oder sich ihm wenigstens ein Stück zu nähern. Wenn möglich, können Sie ihm als Hilfe ein Leckerchen auf dieses Objekt legen. Kann er seine Angst nicht überwinden, versuchen Sie es ein anderes Mal mit einem besonderen Häppchen bzw. zu einer Zeit, wenn der Vierbeiner mehr Appetit hat. Lässt sich das Objekt nicht erkunden, bleiben Sie in der Nähe und lenken den Hund zum Beispiel mit einem Spiel ab. Gehen Sie erst weiter, wenn er sich entspannt hat.

Geräusche Zeigt sich Ihr Vierbeiner von manchen ungewohnten Geräuschen beeindruckt, etwa wenn ein Zug vorbeifährt oder wenn Sie an einer viel befahrenen Straße entlanggehen, dann gewöhnen Sie ihn allmählich an diese Geräusche.

Halten Sie sich zunächst weiter entfernt von der Lärmquelle auf – so weit weg, dass sich Ihr Hund merklich entspannt. Dann geben Sie ihm einige Häppchen. Dies wiederholen Sie nun einige Tage lang. Wenn der Hund entspannt bleibt, verringern Sie die Distanz zur Lärmquelle. Nach diesem Prinzip arbeiten Sie sich nach und nach näher an die Geräuschquelle heran.

Angst vor Artgenossen Mancher Vierbeiner hat Angst vor Artgenossen, auch wenn sie verträglich sind. Das ist zum Beispiel manchmal bei Welpen in einer Welpengruppe der Fall. Am besten beschäftigen Sie sich mit dem anderen Hund, dann sieht Ihr Vierbeiner, dass er gar nicht gefährlich ist, und wird sich nach und nach trauen, Kontakt aufzunehmen. Gehört Ihr Welpe eher zu den »Hasenfüßen«, dann sollten Sie in einer Welpengruppe auch darauf achten, dass nicht zu viele Welpen auf einmal auf Ihren Kleinen einstürmen und er nicht dauernd untergebuttert wird. Ob ängstlicher Welpe oder ängstlicher älterer Hund – ermöglichen Sie ihm Kontakt mit ruhigen, verträglichen Artgenossen.

1 UNBEKANNTER UNTERGRUND Hat Ihr Welpe Angst vor Böden, die er nicht kennt, motivieren Sie ihn mit leckeren Häppchen und aufmunternder Stimme darüberzulaufen. Gehen Sie auch selbst darüber, das hilft zusätzlich. Zwingen Sie ihn nicht dazu – etwa an straffer Leine –, das verstärkt seine Unsicherheit. Der Welpe sollte unangeleint oder an ganz lockerer Leine gehen.

2 AN GERÄUSCHE GEWÖHNEN Manche Welpen reagieren auf Geräusche sensibel. Ist Ihrem Kleinen ein Ton unheimlich, etwa von dieser Tröte, dann legen Sie sie auf den Boden und rollen sie etwas hin und her. Sobald sich das Hundekind wieder entspannt hat, wiederholen Sie das Geräusch. Passen Sie die Lautstärke schon beim ersten Versuch dem Naturell Ihres Vierbeiners an.

3 ANGST VOR ARTGENOSSEN Ihrem Hund ist ein anderer Hund nicht geheuer, obwohl dieser friedlich ist. Wenn Sie sich nun freundlich und entspannt mit dem anderen Hund beschäftigen, wird Ihr Hund an Ihrem Verhalten ablesen, dass er keine Angst zu haben braucht. Nach und nach wird er Kontakt zu ihm aufnehmen. »Trösten« würde seine Zurückhaltung dagegen verstärken.

Auseinandersetzungen aus dem Weg gehen

Begegnungen mit anderen Hunden

Nicht selten kommt es bei Spaziergängen zu unliebsamen Begegnungen mit anderen Hunden und deren Zweibeinern, die sich mit ein paar Benimm-Regeln leicht vermeiden ließen.

Ein Hund ist angeleint Treffen Sie auf einen angeleinten Hund bzw. auf einen, der offenbar nicht frei läuft, dann leinen Sie auch Ihren Vierbeiner an oder sorgen Sie dafür, dass er bei Ihnen bleibt. Auch wenn Ihr Hund nichts tut oder mit dem anderen nur spielen möchte. Es hat sicher seine Gründe, dass der andere Vierbeiner an der Leine geht. Vielleicht ist er krank, läufig, unverträglich oder er übt gerade etwas mit seinem Menschen.

Haben Sie Ihren Hund aus ähnlichen Gründen an der Leine, und ein frei laufender Hund kommt Ihnen entgegen, dann bitten Sie dessen Halter, seinen Hund zu sich zu rufen.

Vorbildlich: Stressfreie Begegnung zweier Hundehalter dank gut erzogener Hunde. Selbst das Pferd lenkt die beiden Hunde nicht ab.

Angeleint sollten Hunde untereinander keinen Kontakt bekommen. Schnell kann es dadurch zu einer Rauferei kommen – mit der Folge, dass sich der Vierbeiner aggressives Verhalten an der Leine angewöhnt. Außerdem lernt er, an der Leine zu ziehen, und wird womöglich versuchen, mit jedem Artgenossen Kontakt aufzunehmen. Das kann sehr lästig werden. Üben Sie dagegen gezielt, dass Ihr Vierbeiner an Artgenossen vorbeigeht und sich trotzdem auf Sie konzentriert. Er muss nicht mit jedem spielen, den er trifft. Denn dann verknüpft er rasch »anderer Hund bedeutet Action«, und Sie sind abgemeldet. Flugs haben Sie dann einen Vierbeiner, der nur gehorcht, wenn kein Artgenosse in seiner Reichweite ist.

Gemeinsam üben Gehen Sie gemeinsam mit einem oder mehreren Hundehaltern spazieren, könnten Sie mit ihm oder ihnen zusammen sehr gut ein paar gemeinsame Übungen machen. Zum Beispiel gleich zu Beginn des Spaziergangs und noch bevor sich die Vierbeiner begrüßt haben! Danach dürfen die Hunde ein wenig spielen, und dann wird wieder ein paar Minuten geübt. Das ist zwar nicht so gemütlich wie ein reiner Unterhaltungsspaziergang, aber sehr nützlich.

Treffen mit unangeleinten Hunden Solche Begegnungen verlaufen meist problemlos. Wenn Ihr Hund frei läuft und ein anderer frei laufender entgegenkommt und wenn der andere Hundehalter keine Anstalten macht, seinen Vierbeiner anzuleinen, gehen Sie einfach weiter. Falls die Hunde Imponierverhalten zeigen, ist das normal. Gehen Sie weiter und beengen Sie die Vierbeiner nicht. Je enger es ist und je dichter Sie bei den Hunden stehen, desto größer ist das Risiko einer Rauferei.

Aggression an der Leine Reagiert Ihr Vierbeiner angeleint aggressiv, ist es wichtig, dass Sie entspannt bleiben. Straffen Sie nämlich schon beim Nahen eines Artgenossen die Leine, »alarmieren« Sie damit Ihren Hund. Lenken Sie ihn ab (mit Leckerchen oder Spielzeug) und gehen Sie zügig und mit Abstand am anderen Hund vorbei. Gestatten Sie ihm keinen Kontakt an der Leine, leinen Sie ihn nicht ab, während er sich aggressiv benimmt, und streicheln Sie ihn nicht »beruhigend«!

Wenn Tütenspender für Hundehäufchen bereitstehen, sollten Sie diese auch nutzen. Volle Tüten können Sie mit dem normalen Müll entsorgen.

Häufchenweise Ärger

Niemand tritt gern in ein Hundehäufchen, auch Hundebesitzer nicht. Die Hinterlassenschaften von Vierbeinern sind immer wieder Anlass für Ärger. Das wäre jedoch einfach zu vermeiden, wenn die Hundebesitzer die Häufchen zumindest an bestimmten Stellen entfernen würden. In vielen Orten und Städten kann ein Bußgeld verhängt werden, wenn man das nicht tut. Wollen Sie auf Nummer sicher gehen, dann entfernen Sie grundsätzlich jede Hinterlassenschaft Ihres Hundes.

Ausflüge planen Wenn Sie den Hund in die Stadt oder in ähnliche Gebiete mitnehmen, dann ermöglichen Sie ihm vorher entsprechenden Auslauf. Für alle Fälle sollten Sie sich aber ein paar Plastikbeutel mitnehmen, um eventuelle Malheurs sofort entsorgen zu können. Im Zoofachhandel gibt es auch spezielle Tüten für Hundehäufchen. In manchen Gegenden stehen zum selben Zweck Tütenspender bereit. Nutzen Sie sie.

Hier sind Hundehäufchen tabu Absolut keine Hunde-WCs sind Kinderspielplätze, Vorgärten (auch nicht die von Hundebesitzern ...), Gehwege, Straßen, Schulhöfe, Fußgängerzonen, Liegewiesen und ähnliche Bereiche. Stadtparks und kleinere Grünflächen in Wohngebieten sind ebenfalls tabu.

Aber auch außerhalb von Wohngebieten finden sich sensible Bereiche. In dicht besiedelten Gegenden gibt es oft nur wenige Spazierwege, die daher stark frequentiert sind. Hier konzentrieren sich natürlich dann auch die Hundehäufchen. Angrenzende landwirtschaftliche Nutzflächen werden dadurch beeinträchtigt, dass der Hundekot beim Mähen große Mengen Gras verunreinigt und Rinder dieses Gras verständlicherweise nicht mehr fressen. Falls Ihr Vierbeiner sich also auf derartigen Flächen löst, nehmen Sie das Häufchen mit. Denn so manches Freilaufverbot für Hunde resultiert leider daraus, dass zu viele Hundehaufen in Nutzwiesen landen. Entfernen Sie die Häufchen, tragen Sie zum besseren Image der Hundebesitzer bei.

Das Alleinbleiben lernen

Auch wenn der Vierbeiner gern überall dabei ist – manchmal ist es einfach nicht möglich, und dann muss er lernen, auch einmal allein zu Hause zu bleiben. Den meisten Hunden bereitet das keine Probleme, wenn man sie allmählich an diese Situation gewöhnt. Zu lange dürfen Sie Ihren Hund allerdings nicht allein lassen. Länger als einen halben Tag, also fünf bis sechs Stunden, sollten Sie ihm das auf keinen Fall zumuten.

Auch wenn das Alleinbleiben für das Rudeltier Hund eher unnatürlich ist – er muss es dennoch lernen.

So klappt es Zunächst ist es wichtig, dass Ihr Vierbeiner es aushält, wenn Sie innerhalb der Wohnung kurze Zeit ein Stück von ihm entfernt sind. Er muss zum Beispiel nicht mit ins Bad oder in den Keller. Protestiert er, ignorieren Sie ihn, bis er ruhig ist. Aber meist funktioniert das ohne »Auffälligkeiten«. Als nächsten Schritt können Sie für ein paar Minuten aus dem Haus gehen. Holen Sie zum Beispiel die Post und bleiben Sie noch ein paar Minuten draußen. Dann kommen Sie zurück. Allmählich dehnen Sie die Zeit aus und holen etwa ein paar Brötchen beim Bäcker um die Ecke. Klappt auch das einige Male, fahren Sie für ein halbes Stündchen zum Einkaufen.

Haben Sie Ihren Vierbeiner auf diese Art schrittweise daran gewöhnt, kann ein Hund mit einem halben Jahr etwa drei bis vier Stunden allein bleiben. Verbinden Sie Ihr Weggehen mit einem bestimmten Hörzeichen, etwa »Warten«. Mehr sagen Sie nicht. Es dient lediglich als Signal dafür, dass Sie nun weg sind. Vermeiden Sie große Verabschiedungs- und Begrüßungsszenen – das erschwert Ihrem Vierbeiner das Alleinbleiben.

Das ist wichtig Einen jungen Welpen lassen Sie noch nicht länger als wenige Minuten allein. Je jünger, umso stärker ist sein Nachfolgeinstinkt und umso »bedrohter« fühlt sich der Welpe, wenn er allein ist. Macht ihm dann noch etwas Angst, etwa ein lautes Geräusch, kann es im schlimmsten Fall sein, dass er auch später nur schwer allein bleibt.

Im Auto bleiben die meisten Hunde von Anfang an problemlos allein. Das machen Sie sich am besten gleich zunutze, auch schon beim Welpen. Wenn Sie also unterwegs sind und kurz in ein Geschäft gehen (aber nicht gerade zum Wocheneinkauf oder bei großer Hitze), dann sagen Sie beim Aussteigen »Warten«, aber nicht mehr. Fährt der Hund im Auto in einer Box mit oder schläft er im Haus darin, können Sie diese zunächst auch im Haus für das Alleinbleiben verwenden, wenn Sie kurz weggehen. So ist er in seinem gewohnten, gemütlichen Umfeld, das er mit Ruhe verbindet, und kann außerdem nichts anstellen. Die Box ist aber nicht geeignet, dass der Hund einen halben Tag allein bleibt.
Bevor Sie den Hund allein lassen, sollte er sich einigermaßen ausgetobt und gelöst haben. Um ihn während Ihrer Abwesenheit zu beschäftigen, können Sie dem Hund etwas zum Knabbern geben. Ist er nicht in der Box, begrenzen Sie den Radius Ihres Vierbeiners. Er muss, wenn er allein ist, nicht Zugang zu allen Räumen haben. Diele oder Windfang reichen. Räumen Sie vorsichtshalber alle Dinge, die er nicht haben darf oder die ihm sogar gefährlich werden könnten, weg.
Verwenden Sie, wenn Sie weggehen, nicht das Hörzeichen »Bleib«, falls Sie mit diesem Hörzeichen die Bleib-Übungen von Seite 42/43 geübt haben. Ihr Vierbeiner müsste dann nämlich exakt auf dem ihm zugewiesenen Platz bleiben, bis Sie wiederkommen. Das wäre unsinnig, und Sie könnten ihn auch nicht korrigieren, wenn er sich von seinem Platz wegbewegt.

Der Hund **im Garten**

Ein Garten ersetzt weder die Beschäftigung mit dem Hund noch den Auslauf. Gewisse Dinge sollten Sie daher bedenken:

NIE ALLEIN	Lassen Sie einen jungen und/oder recht aktiven Hund nicht allein länger im Garten.
EINZÄUNEN	Zäunen Sie Beete, Teiche und andere Bereiche, die Ihnen lieb sind, zumindest die ersten Monate ein. So lernt der Hund gar nicht erst, dass er sich damit beschäftigen kann.
NUR IM HAUS	Muss der Hund allein bleiben, gehört er immer ins Haus. So kann ihm nichts passieren.

Ist der Hund zu lange, zu oft oder unausgelastet im Garten, wird es ihm langweilig. Das kann zu folgenden Problemen führen:

UMGRABEN	Der Vierbeiner gräbt den gesamten Garten um.
STREUNEN	Er gräbt sich unter dem Zaun durch oder springt darüber und streunt.
GEÄRGERT WERDEN	Ihr Hund wird von Passanten über den Zaun hinweg geärgert.
VERBELLEN	Er verbellt Leute, die am Grundstück vorbeigehen. Das verbraucht Energie und bringt »Erfolg« – die Leute sind weg.

Die **halbfett** gesetzten Seitenzahlen verweisen auf Abbildungen, U = Umschlag, UK = Umschlagklappe.

A

Ableinen 47
Ablenkung durch Artgenossen UK hinten
Abwechslung im Training UK hinten
Alleinbleiben 58
Älterer Hund 25
 –, Erziehung 14
Angst 54, UK vorne
 – vor Artgenossen 55, **55**
Anleinen 47, 53
Anspringen unterbinden 7, 50, **50**
Apportieren **17**
Auflösungshörzeichen 19, **23**
Aufmerksam machen, auf sich 45, **47**, UK vorne
»Aus« 46
Aus dem Platz aufstehen 9, UK hinten
Auseinandersetzungen 56, 57
Auslasten 17
Ausrüstung 26, 27
Australian Shepherd **15**
Autorität 23, 31

B

Bedürfnisse
 –, artspezifische 17
 –, rassespezifische 17
Begegnungen
 – mit anderen Hunden 56, **56**
 – mit Joggern 52, 53
»Bei Fuß« 38
Bei Fuß gehen **13**, 38, 39, **39**, **44**
Belohnen, richtig UK hinten
Belohnung **7**, 8, **9**, 21, 27
 – abbauen 8
Belohnungshappen **26**, UK hinten
Belohnungs-Spielzeug 21, 27
Beschäftigung 31
Betteln unterbinden 51, **51**
Bindung aufbauen 30–33
Bindungsspaziergang 30, **31**
 – mit älterem Hund 31
»Bleib« 12, 42, **43**, 44
Bleib auf Entfernung 42, **43**
Bleib außer Sicht 42
Brustgeschirr 26

C

Charakter des Hundes 19

D

Desinteresse am Besitzer UK hinten

E

Einwirkung, negative 9
Erfolgserlebnisse vermeiden 50
Erkundungsausflüge 33
Erziehung, einheitliche 8
Erziehungstipps 16

F

Familienhund 28
»Fertig« 19
Führleine 26, **27**
Füttern 32
 –, richtig 22, **23**
Futterverteidigung vorbeugen 22

G

Gehorsam 32
 – festigen 53
Gehorsamsprobleme 22
Geräusche, ungewohnte 54, **55**
Geschlechtsreife 22
Gewöhnung an neue Eindrücke 28
Grenzen setzen **6**
Grundprogramm 14

H

Halsband 26, **27**
Hergeben, etwas 46, 47
»Hier« 36, 37
Hund im Auto 53
Hund im Garten 59
Hund in der Öffentlichkeit 53–59
Hund und Jogger 52, **52**
Hund und Kind 35
Hundeerziehung
 –, Gründe für 14–19
 –, Grundregeln für 19
Hundehäufchen 57, **57**
Hundeknigge 49
Hundekontakt **4**, UK hinten
Hundepersönlichkeit 19
Hundepfeife 27, **27**

I

Ignorieren 7, 50, 51

J

Jack Russell Terrier **15**
Jagdinstinkt 17
Jagen vorbeugen 52, **52**, 53
Junghund 21

K

Kettenhalsband 26
Kinderhund 35
Kommen auf Ruf 8, 14, 36, **36**, 37, **37**, UK hinten
Konditionierung 6
 –, klassische 7
 –, operante 6
Konsequenz 9
Kontaktliegen 31, 32
Körperkontakt 31, 32, **U4**
Körpersprache 10, UK hinten
Korrigieren, richtig **18**, UK hinten

L

Lange Leine UK hinten
»Lauf« 19

Leckerchen **26**, 27
Leine U1, 26, **27**
–, Gehen an lockerer 44, **44**, 45
Lernen 6–9, 14, 15
Lernen am Erfolg 6
Lernen, prägungsähnliches 20
Lernphasen 20–23
Loben 8, 33

M

Markieren UK vorne
Mensch als Teamchef 22
Menschenkontakt 28
Mensch-Hund-Beziehung **22**, 23, 31
Motivation, positive 19
Motivieren, richtig 10

N

Nachfolgeinstinkt 30
Name 13, 25
–, Hören auf 34
Negative Verstärkung 6

O

Objekte, unheimliche 54

P

Pawlow 7
»Platz« 10, **11**, 12, 40, 41, **41**, UK hinten, U4
Positive Verstärkung 6, 8
Prägungsähnliches Lernen 20
Pubertät 22

R

Rangeinweisung, indirekte 23
Rangordnung 22, 23
Rücksicht nehmen 53
Rudelführer, guter 22
Rudeltier 5
Rufen beim Namen 13
Ruhe vermitteln 10

S

Schnauzgriff **6**, 9
Sichtzeichen 12
Signale, hemmende 10
»Sitz« 10, **11**, 12, 40, **40**
Sitz auf Entfernung 45, **45**
Sitz und Bleib **2**
Souveränität 23, 31
Sozialisierung 28, 29
– eines Familienhundes 28, 29
Sozialisierungsausflüge 28
Sozialisierungsphase 20
Spiel **4**, **9**, 31, 33
– als Belohnung 21
Spielaufforderung UK vorne
Spielzeug **26**, 27
– verteidigen UK hinten
Stimme 13
– gezielt einsetzen 13
Stimmlage, richtige 13
Strafe aus dem Nichts 9
Strafe mit Überraschungseffekt 9
Streunen 59
Stubenreinheit 34

T

Tabuzonen 35
Timing, richtiges **7**

U

Üben, regelmäßig 19
Üben, richtig 19, UK hinten
Üben, systematisch 25
Überforderung 17
Übung zu früh beenden UK hinten
Übungen wiederholen UK hinten
Übungsdauer UK hinten
Umgraben 59
Unerwünschtes Verhalten **7**, 8
Unsicherheit UK vorne
– abbauen 33, 54, 55
– gegenüber Menschen 54
Unterforderung 17
Untergrund, unbekannter **55**
Unterricht gestalten 19

V

Vegetative Phase 20
Verbellen 59
Verhalten UK vorne
–, selbstbelohnendes 52
–, unerwünschtes **7**, 8
Verstärkung
–, positive 6, 8
–, negative 6
Vorderkörper-Tiefstellung UK vorne

W

Wach- und Schutzinstinkt 17
Welpe 25
–, Erziehung des 14, 15
–, unsicherer 29
Welpenschule 21
Welpenzeit 20, 21

Z

Zerren an der Leine **7**, 44, 45
Ziehen an der Leine 14
Ziehspiel **26**
Züngeln UK vorne
Zurechtweisen **6**, 9
Zuwendung 31

Die Inhalte dieses Buches beziehen sich auf die Bestimmungen des deutschen Tier- bzw. Artenschutzes. In anderen Ländern können die Angaben abweichend sein. Erkundigen Sie sich daher im Zweifelsfall bei Ihrem Zoofachhändler oder bei der entsprechenden Behörde.

Adressen

› Fédération Cynologique Internationale (FCI), Place Albert 1er, 13, B-6530 Thuin/Belgien, www.fci.be
› Verband für das Deutsche Hundewesen (VDH), Westfalendamm 174, 44141 Dortmund, www.vdh.de
› Österreichischer Kynologenverband (ÖKV), Siegfried-Marcus-Straße 7, A-2362 Biedermannsdorf, www.oekv.at

Wichtiger **Hinweis**

› Die Haltungsregeln dieses Ratgebers beziehen sich auf normal entwickelte Jungtiere aus guter Zucht, also auf gesunde, charakterlich einwandfreie Tiere.

› Wer einen erwachsenen Hund zu sich nimmt, muss sich bewusst sein, dass dieser bereits wesentliche Prägungen durch den Menschen erfahren hat. Er sollte den Hund genau beobachten, auch in seinem Verhalten zum Menschen.

› Ist der Hund aus einem Tierheim, so kann dieses über die Herkunft des Hundes und seine Eigenheiten Auskunft geben.

› Schweizerische Kynologische Gesellschaft (SKG/SCS), Brunnmattstr. 24, CH-3007 Bern, www.skg.ch
Anschriften von Hundeclubs und -vereinen können Sie bei vorgenannten Verbänden erfragen.

› Deutscher Hundesportverband e. V., Vosshoveler Str. 9a, 46485 Wesel, www.dhv-hundesport.de
› Berufsverband der Hundeerzieher/innen und Verhaltensberater/innen e. V. (BHV), Auf der Lind 3, 65529 Waldems-Esch, www.bhv-net.de
› Deutscher Tierschutzbund e. V., In der Raste 10, 53129 Bonn, www.tierschutzbund.de

Adressen im Internet

› **www.spass-mit-hund.de** (Spiele mit und für Hunde)
› **www.thmev.de** (Tiere helfen Menschen e.V.)
› **www.ferien-mit-hund.de** (Adressen hundefreundlicher Hotels)
› **www.brh.info** (Bundesverband für das Rettungshundewesen e.V.)

Fragen zur Haltung beantworten

Ihr Zoofachhändler und der Zentralverband Zoologischer Fachbetriebe Deutschlands e. V., www.zzf.de, Online-Portal des ZZF: www.my-pet.org, Tel.: 06 11/ 447553-32 (Mo 12–16 Uhr, Do 8–12 Uhr)

Registrierung von Hunden

› Tasso e. V., Abt. Haustierzentralregister, Frankfurter Str. 20, 65795 Hattersheim a. M., Tel.: 06190/937300, www.tasso.net

Bücher

› Bloch, G.: Der Wolf im Hundepelz. Franckh-Kosmos Verlag, Stuttgart
› Feddersen-Petersen, D.: Hundepsychologie. Franckh-Kosmos Verlag, Stuttgart
› Hegewald-Kawich, H.: Hunderassen von A bis Z. Gräfe und Unzer Verlag, München
› Ludwig, G.: Hunde Spiele-Box. Gräfe und Unzer Verlag, München
› Schlegl-Kofler, K.: Der 6-Stufen-Plan Hundeerziehung. Gräfe und Unzer Verlag, München
› Schlegl-Kofler, K.: Welpen-Erziehung. Gräfe und Unzer Verlag, München
› Schlegl-Kofler, K.: Hundesprache. Gräfe und Unzer Verlag, München

Zeitschriften

› Der Hund. FORUM Zeitschriften und Spezialmedien GmbH, Merching
› Unser Rassehund. Herausgegeben vom Verband für das Deutsche Hundewesen e.V. (→ Adressen)
› Partner Hund. Ein Herz für Tiere Media GmbH, Ismaning

Die werden Sie auch lieben.

ISBN 978-3-8338-4140-8

ISBN 978-3-8338-3402-8

ISBN 978-3-8338-4845-2

Laden im App Store

ISBN 978-3-8338-3642-8

ISBN 978-3-8338-4146-0

Alle hier vorgestellten Bücher sind auch als eBook erhältlich.

Mehr von GU auf **www.gu.de** und
facebook.com/gu.verlag

Willkommen im Leben.

Die Autorin

Katharina Schlegl-Kofler – erfahrene Hundetrainerin und anerkannte Expertin in Sachen artgerechter Hundehaltung – beschäftigt sich schon lange intensiv mit den Vierbeinern und ihrem Verhalten. In ihrer Hundeschule finden Hundehalter tatkräftige Hilfe. Ihre eigenen Hunde führt sie erfolgreich auf Apportier-Prüfungen.

Die Fotografin

Christine Steimer ist ausgebildete Fotografin und selbst Hundehalterin. Sie hat sich auf die Heim- und Haustierfotografie spezialisiert. Sie arbeitet für internationale Buchverlage, Fachzeitschriften und Werbeagenturen.
Alle Fotos im Buch stammen von Christine Steimer mit Ausnahme von: **Arco:** 2; **Arco/NPL:** 3, U6-1, U7; **Getty-Images:** 58; **Oliver Giel:** U3-1, U4-1, 7-1, 7-2, 20, 24, 48, U5-1, U8-1, U8-2; **Juniors-Bildarchiv:** U3-2, U4-2; **Angela Kraft:** U4-3, 1, U6-2, U6-3; **Tierfotoagentur:** 6, U5-2; **Jana Weichelt:** U1, 4.

Aktualisierte Neuausgabe von Hundeerziehung, GRÄFE UND UNZER VERLAG GmbH, 2007, ISBN 978-3-8338-0523-3

Projektleitung: Anita Zellner, Vanessa Lotz
Lektorat: Angelika Lang, Gabriele Linke-Grün
Bildredaktion: Natascha Klebl, Waltraud Flöter, Petra Ender (Cover)
Umschlaggestaltung und Layout: independent Medien-Design, Horst Moser, München
Herstellung: Petra Roth, Larissa Just
Satz und Repro: Longo AG, Bozen
Druck und Bindung: Schreckhase, Spangenberg

Printed in Germany

ISBN 978-3-8338-3802-6

3. Auflage 2016

www.facebook.com/gu.verlag

Syndication:
www.jalag-syndication.de

QUALITÄTS G|U GARANTIE

Liebe Leserin, lieber Leser,

haben wir Ihre Erwartungen erfüllt? Sind Sie mit diesem Buch zufrieden? Haben Sie weitere Fragen zu diesem Thema? Wir freuen uns auf Ihre Rückmeldung, auf Lob, Kritik und Anregungen, damit wir für Sie immer besser werden können.

GRÄFE UND UNZER Verlag
Leserservice
Postfach 86 03 13
81630 München
E-Mail:
leserservice@graefe-und-unzer.de

Telefon: 00800 / 72 37 33 33*
Telefax: 00800 / 50 12 05 44*
Mo–Do: 9.00 – 17.00 Uhr
Fr: 9.00 – 16.00 Uhr
(gebührenfrei in D, A, CH)*

Ihr GRÄFE UND UNZER Verlag
Der erste Ratgeberverlag – seit 1722.

Umwelthinweis

Dieses Buch ist auf PEFC-zertifiziertem Papier aus nachhaltiger Waldwirtschaft gedruckt.

GRÄFE UND UNZER

Ein Unternehmen der
GANSKE VERLAGSGRUPPE